煤炭行业特有工种职业技能鉴定培训教材

巷道掘砌工

（初级、中级、高级）

·第3版·

煤炭工业职业技能鉴定指导中心　组织编写

应急管理出版社

·北　京·

内 容 提 要

本书以巷道掘砌工职业标准为依据编写，开篇讲述了掘砌工基础知识，然后分别介绍巷道掘砌工（初级、中级、高级）技能考核鉴定的知识及技能方面的要求。内容包括施工前准备、巷道掘进、巷道支护、事故处理、培训指导等知识。

本书是巷道掘砌工（初级、中级、高级）职业技能考核鉴定前的培训和自学教材，也可作为各级各类技术学校相关专业师生的参考用书。

本书编审人员

主　编　方晓瑜

副主编　罗友德

编　写　李龙辉　李军庆　杜志清　孙照春　王平安
　　　　马春明　李焕民　侯殿魁　贾彩云

主　审　董正亮　王安陆

审　稿（按姓氏笔画为序）
　　　　马秋成　付国庆　李增禄　邵长增　赵江峰
　　　　柴天凯　徐金根　崔海民　焦焕彩　魏宝荣

修　订　赵杰锋　罗友德　姜素涛

PREFACE 前言

为了进一步提高煤炭行业职工队伍素质,加快煤炭行业高技能人才队伍建设步伐,实现煤炭行业职业技能鉴定工作的标准化、规范化,促进其健康发展,根据国家的有关规定和要求,从2004年开始,煤炭工业职业技能鉴定指导中心陆续组织有关专家、工程技术人员和职业培训教学管理人员编写了《煤炭行业特有工种职业技能鉴定培训教材》,作为国家职业技能鉴定考试的推荐用书。

本套教材以相应工种的职业标准为依据，内容上力求体现“以职业活动为导向，以职业技能为核心”的指导思想，突出职业技能培训特色。在结构上，针对各工种职业活动领域，按照模块化的方式，分初级工、中级工、高级工、技师、高级技师5个等级进行编写。每个工种的培训教材分为两册出版，其中初级工、中级工、高级工为一册，技师、高级技师为一册。

本套教材自2005年陆续出版以来，一直备受煤炭企业的欢迎，现已有近50个工种的初级工、中级工、高级工教材和近30个工种的技师、高级技师教材，涵盖了煤炭行业的主体工种，较好地满足了煤炭行业高技能人才队伍建设和职业技能鉴定工作的需要。

当前，煤炭科技迅猛发展，新法律法规、新标准、新规程、新技术、新工艺、新设备、新材料不断涌现，特别是我国煤矿安全的主体部门规章——《煤矿安全规程》已于2022年全面修订并颁布实施，原教材有些内容已显陈旧，不能满足当前职业技能水平评价工作的需要，因此我们决定再次对教材进行修订。

本次修订出版的第3版教材继承前两版教材的框架结构，对已不适应当前要求的技术方法、装备设备、法律法规、标准规范等内容进行了修改完善。

编写技能鉴定培训教材是一项探索性工作，有相当的难度，加之时间仓促，不足之处在所难免，恳请各使用单位和个人提出宝贵意见和建议。意见建议反馈电话：010－84657932。

煤炭工业职业技能鉴定指导中心

2023年12月

目录 CONTENTS

第一部分　巷道掘砌工基础知识

第二部分　巷道掘砌工初级技能

第三部分　巷道掘砌工中级技能

第四部分　巷道掘砌工高级技能

第一部分
巷道掘砌工基础知识

第一章 职 业 道 德

第一节 职业道德的基本知识

一、道德

道德是一种普遍的社会现象。没有一定的道德规范，人类社会既不能生存，也无法发展。什么是道德、道德具有什么特点、什么是职业道德、职业道德具有什么特点和社会作用等，在我们学习职业（岗位、工种）基本知识和操作技能之前，应当对这些问题有个基本了解。

1. 道德的含义

在日常生活和工作实践中，我们经常会用到“道德”这个词。我们或用它来评价社会上的人和事，或用它来反省自己的言谈举止。

道德是一个历史范畴，随着人类社会的产生而产生，同时也随着人类社会的发展而发展。道德又是一个阶级范畴，不同阶级的人对它的理解也不同，甚至互相对立。在我国古代，“道”和“德”原本是两个概念。“道”的原意是道路，“德”的原意是正道而行，后来把这两个词合起来用，引申为调整人们之间关系和行为的准则。在西方，一些思想家也对道德作过多种多样的解释，但只有用马克思主义观点来认识道德的含义和本质才是唯一的正确途径。

马克思主义认为，道德是人类社会特有的现象。在人类社会的长期发展过程中，为了维护社会生活的正常秩序，就需要调节人们之间的关系，要求人们对自己的行为进行约束，于是就形成了一些行为规范和准则。一般来说，所谓道德，就是调整人和人之间关系的一种特殊的行为规范的总和。它依靠内心信念、传统习惯和社会舆论的力量，以善和恶、正义和非正义、公正和偏私、诚实和虚伪、权利和义务等道德观念来评价每个人的行为，从而调整人们之间的关系。

2. 道德的基本特征

（1）道德具有特殊的规范性。道德在表现形式上是一种规范体系。虽然在人类社会生活中，以行为规范方式存在的社会意识形态还有法律、政治等，但道德具有不同于这些行为规范的显著特征：①它具有利他性。它同法律、政治一样，也是社会用来调整个人同他人、个人同社会的利害关系的手段。但它同法律、政治的不同之处在于，在调整这些关系时，追求的不是个人利益，而是他人利益、社会利益，即追求利他。②道德这种行为规范是依靠人们的内心信念来维系的。当然，道德也需要靠社会舆论、传统习俗来维系，这些也是具有外在性、强制性的力量。但如果社会舆论和传统习俗与个人的内心信念不一致，就起不到约束作用。因此，道德具有自觉性的特点。③道德的这种规范作用表现为对人们的行为进行劝阻与示范的统一。道德依据一定的善恶标准来对人们的行为进行评价，对恶行给予谴责、抑制，对善行给予表扬、示范，这同法律规范以明确的命令或禁止的方式来发生作用是不同的。

（2）道德具有广泛的渗透性。道德广泛地渗透到社会生活的各个领域和一切发展阶段。横向地看，道德渗透于社会生活的各个领域，无论是经济领域还是政治领域，也无论是个人生活、集体生活还是整个社会生活，时时处处都有各种社会关系，都需要道德来调节。纵向地看，道德又是最久远地贯穿于人类社会发展的一切阶段，可以说，道德与人类始终共存亡；只要有人，有人生活，就一定会有道德存在并起着作用。

（3）道德具有较强的稳定性。道德在反映社会经济关系时，常以各种规范、戒律、格言、理想等形式去约束和引导人们的行为与心理。而这些格言、戒律等又以人们喜闻乐见的形式出现，它们很容易被因袭下来，与社会风尚习俗、民族传统结合起来，而内化为人们心理结构的特殊情感。心理结构是相当稳定的东西，一经形成就不易改变。因此，当某种道德赖以存在的社会经济关系变更以后，这种道德不会马上消失，它还会作为一种旧意识被保留下来，影响（促进或阻碍）社会的发展。如在我们国家，社会主义制度已经建立起来了，但封建主义、资本主义的道德残余依然存在，就是这个原因。

（4）道德具有显著的实践性。所谓实践性，是指道德必须实现向行为的实际转化，从意识形态进入人们的心理结构与现实活动。我们判断一个人的道德面貌，不能根据他能背诵多少道德的戒律和格言，也不能根据他自诩怀抱多么纯正高尚的道德动机，而只能根据他的实际行为。道德如果不能指导人们的道德实践活动，不能表现为人们的具体行为，其自身也就失去了存在的意义。

二、职业道德

1. 职业道德的含义

在人类社会生活中，除了公共生活、家庭生活外，还有丰富多彩的职业生活。与此相适应，用以指导和调节人与社会之间关系的道德体系，也可以划分为三个部分，即社会道德、婚姻家庭道德和职业道德。职业道德是道德体系的重要组成部分，有其特殊的重要地位。

在人类社会生活中，几乎所有成年的社会成员都要从事一定的职业。职业是人们在社会生活中对社会承担的一定职责和从事的专门业务。职业作为一种社会现象并非从来就有，而是社会分工及其发展的结果。每个人一旦步入职业生活，加入一定的职业团体，就必然会在职业活动的基础上形成人们之间的职业关系。在论述人类的道德关系时，恩格斯曾经指出："每一个阶级，甚至每一个行业，都各有各的道德。"这里说的每一个行业的道德，就是职业道德。

所谓职业道德，就是从事一定职业的人们，在履行本职工作职责的过程中，应当遵循的具有自身职业特征的道德准则和规范。它是职业范围内的特殊道德要求，是一般社会道德和阶级道德在职业生活中的具体体现。每一个行业都有自己的职业道德。职业道德，一方面体现了一般社会道德对职业活动的基本要求，另一方面又带有鲜明的行业特色。例如，热爱本职、忠于职守、为人民服务、对人民负责，是各行各业职业道德的基本规范。但是每一种具体的职业，又都有独特的不同于其他职业道德的内涵，如党政机关、新闻出版单位、公检法部门、科研机构等都有自己的职业道德。

2. 职业道德的特征

各种职业道德反映着由于职业不同而形成的不同的职业心理、职业习惯、职业传统和职业理想，反映着由于职业的不同所带来的道德意识和道德行为上的一定差别。职业道德作为一种特殊的行为调节方式，有其固有的特征。概括起来，主要有以下四个方面：

（1）内容的鲜明性。无论是何种职业道德，在内容方面，总是要鲜明地表达职业义务和职业责任，以及职业行为上的道德特点。从职业道德的历史发展可以看出，职业道德不是一般地反映阶级道德或社会道德的要求，而是着重反映本职业的特殊利益和要求。因而，它往往表现为某职业特有的道德传统和道德习惯。俗话说“隔行如隔山”，它说明职业之间有着很大的差别，人们往往可以从一个人的言谈举止上大致判断出他的职业。不同的职业都有其自身的特点，有各自的业务内容、具体利益和应当履行的义务，这使各种职业道德具有鲜明的职业特色。如，执法部门道德主要是秉公执法，而商业道德则是买卖公平，等等。

（2）表达形式的灵活性和多样性。这主要是指职业道德在行为准则的表达形式方面，比较具体、灵活、多样。各种职业集体对从业人员的道德要求，总是要适应本职业的具体条件和人们的接受能力，因而，它往往不仅仅只是原则性的规定，而是很具体的。在表达上，它往往用体现各职业特征的“行话”，以言简意明的形式（如章程、守则、公约、须知、誓词、保证、条例等）表达职业道德的要求。这样做，有利于从业人员遵守和践行，有助于从业人员养成本职业所要求的道德习惯。

（3）调节范围的确定性。职业道德在调节范围上，主要用来约束从事本职业的人员。一般来说，职业道德主要是调整两个方面的关系：一是从事同一职业人们的内部关系，二是同所接触的对象之间的关系。例如，一个医生，不但要热爱本职工作，尊重同行业人员，而且要发扬救死扶伤的精神，尽自己最大努力为患者解除痛苦。由此可见，职业道德主要是用来约束从事本职业的人员的，对于不属于本职业的人，或职业人员在该职业之外的行为活动，它往往起不到约束作用。

（4）规范的稳定性和连续性。无论何种职业，都是在历史上逐渐形成的，都有漫长的发展过程。农业、手工业、商业、教育等古老的职业，都有几千年的历史。而伴随现代工业产生的系列新型职业也有几十年或几百年的历史。虽然每种职业在不同的历史时期有不同的特点，但是，无论在哪个时代，每种职业所要调整的基本道德关系都是大致相同的。如，医生在历朝历代主要是协调医患关系。正因为如此，基于调整道德关系而产生的职业道德规范，就具有历史的连续性和较大的稳定性。例如，从古希腊奴隶制社会的著名医生希波克拉底，到我国封建时代的唐代名医孙思邈，再到现代世界医协大会所制定的《日内瓦宣言》，都主张医生要救死扶伤，对病人一视同仁。医生职业道德规范的基本内容鲜明地体现着历史的连续性和稳定性。

3. 职业道德的社会作用

职业道德是调整职业内部、职业与职业、职业与社会之间的各种关系的行为准则。因此，职业道德的社会作用主要是：

（1）调整职业工作与服务对象的关系，实际上也就是职业与社会的关系。这要求从业人员从本职业的性质和特点出发，为社会服务，并在这种服务中求得自身与本职业的生存和发展。教师道德涉及教师和学生的关系，医生道德涉及医生和患者的关系，司法道德涉及司法人员与当事人的关系。哪种职业为社会服务得好，哪种职业就会受到社会的赞许，否则就会受到社会舆论的谴责。

（2）调整职业内部关系。包括调整领导者与被领导者之间、职业各部门之间、同事之间的关系。这诸种关系之间都要保持和谐共进、相互信任、相互支持、相互合作，避免互相拆台、互相掣肘，从而实现社会关系的协调统一。

（3）调整职业之间的关系。通过职业道德的调整，使各行业之间的行为协调统一。社会主义社会各种职业的目的都是为实现全社会的共同利益服务的。各行业之间的分工合作、协调一致，是社会主义职业道德的基本要求。除此之外，职业道德在促进职业成员成长的过程中也有重要作用。一个人有了职业，就意味着这个人已经踏入社会。在职业活动中，他势必要面对和处理个人与他人、个人与社会的关系问题，并接受职业道德的熏陶。由于职业道德与从业人员的切身利益息息相关，人们往往通过职业道德接受或深化一般社会道德，并形成一个人的道德素养。注重职业道德的建设和提高，不仅可以造就大批有强烈道德感、责任心的职业工作者，而且可以大大促进社会道德风尚的发展。

第二节　职　业　守　则

通常职业道德要求通过在职业活动中的职业守则来体现。广大煤矿职工的职业守则有以下几个方面：

1. 遵纪守法

煤炭生产有它的特殊性，从业人员除了遵守《煤炭法》《安全生产法》《煤矿安全生产条例》《煤矿安全规程》外，还要遵守煤炭行业制定的专门规章制度。只有遵法守纪，才能确保安全生产。作为一名合格的煤矿职工，应该遵守煤矿的各项规章制度，遵守煤矿劳动纪律，尤其是岗位责任制和操作规程、作业规程，处理好安全与生产的关系。

2. 爱岗敬业

热爱本职工作是一种职业情感。煤炭是我国当前的主要能源，在国民经济中占举足轻重的地位。作为一名煤矿职工，应该感到责任重大、使命光荣；应该树立热爱矿山、热爱本职工作的思想，认真工作，培养职业兴趣；干一行、爱一行、专一行，既爱岗又敬业，创造性地干好本职工作，为我国的煤矿安全生产多作贡献。

3. 安全生产

煤矿生产是人与自然的斗争，工作环境特殊，作业条件艰苦，情况复杂多变，危险有害因素多，稍有疏忽或违章，就可能导致事故发生，轻者影响生产，重则造成矿毁人亡。安全是煤矿工作的重中之重。没有安全，生产就无从谈起。作为一名煤矿职工，一定要按章作业，抵制“三违”，做到安全生产。

4. 钻研技能

职业技能，也可称为职业能力，是人们进行职业活动、完成职业责任的能力和手段。它包括实际操作能力、业务处理能力、技术能力以及相关理论知识水平等。

经过新中国成立以来几十年的发展，我国的煤炭生产也由原来的手工作业转变为综合机械化作业，正在向智能化开采迈进，大量高科技产品、科研成果被广泛应用于煤炭生产、安全监控之中，建成了许多世界一流的现代化矿井。所有这些都要求煤矿职工在工作和学习中刻苦钻研职业技能，提高技术能力，掌握扎实的科学知识，只有这样才能胜任自己的工作。

5. 团结协作

任何一个组织的发展都离不开团结协作。团结协作、互助友爱是处理组织内部人与人之间、组织与组织之间关系的道德规范，也是增强团队凝聚力、提高生产效率的重要法宝。

6. 文明作业

爱护材料、设备、工具、仪表，保持工作环境整洁有序；着装整齐，符合井下作业要求；行为举止大方得体。

第二章
基 础 知 识

第一节　基础理论知识

一、读图识图知识

（一）比例尺

1. 比例尺的概念

绘制各种图纸时，不可能按其实际尺寸描绘在图纸上，总要经过缩小，才能在图纸上表示出来。例如实际长度为 1000 m 的水平巷道，缩小至 1/1000 画在图上，则其相应线段长度为 1 m，这张图纸的比例尺就是 1∶1000。由此可知，所谓图纸比例尺就是图纸上线段长度与实际相应线段水平长度之比。

2. 比例尺表示方法

比例尺按表示方法通常分为数字比例尺和图示比例尺。

1）数字比例尺

用分数或比例数字的形式表示的比例尺，称为数字比例尺。一般用分子为 1，分母为整数 M 的分数表示，即 $1/M$。

设图纸上线段长度为 l，实际相应线段水平长度为 L，比例尺分母为 M，则图纸比例尺各要素的关系为

$$1/M = l/L$$

按上式的关系，只要定出了比例尺，就可按实际测得的线段水平长度，在图纸上绘出相应的长度，或按图上量得的某线段长度，求出其实际长度。同样，根据图纸上的线段长度及实际水平长度，就可求出图纸的比例尺。

2）图示比例尺

用图示形式表示的比例尺称为图示比例尺。图示比例尺有直线比例尺和斜线比例尺之分，矿图中常用直线比例尺。

直线比例尺是按照数字比例尺绘制的，其绘制方法如下：

（1）先在图纸上绘一条直线，用分划点把它分成若干个 2 cm 或 1 cm 的线段，这些线段称为比例尺的基本单位。

（2）将最左端的基本单位再分成 20 个或 10 个等份（一般每个等份为 1 mm），然后

在该基本单位的右分点上注记0，如图2－1所示。

（3）自0点起，在自左向右的各分划点上，注记不同线段所代表的实际距离。

使用直线比例尺时，先用分规在图上量出某两点的距离，然后将分规移至直线比例尺上，使其一脚尖对准0点右边的一个分划点上，从另一脚尖读取左边的小分划数，并估读零数。如图2－1中一线段长为251 m，其中1 m即为估读数。

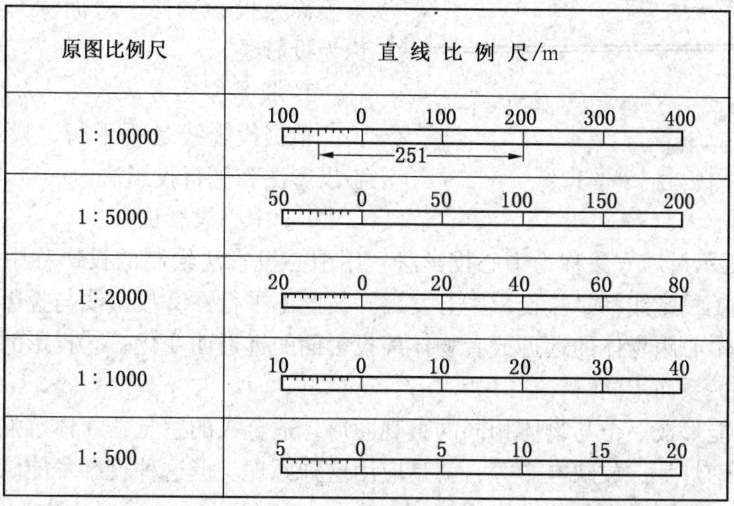

原图比例尺	直线比例尺/m
1∶10000	100 0 100 200 300 400 (251)
1∶5000	50 0 50 100 150 200
1∶2000	20 0 20 40 60 80
1∶1000	10 0 10 20 30 40
1∶500	5 0 5 10 15 20

图2－1 直线比例尺

3. 比例尺精度

人们用肉眼能分辨出图上的最小长度一般认为是0.1 mm，就是说小于0.1 mm的线段，实际上是不能绘制在图上的。因此，图上0.1 mm所代表的实际长度，称为比例尺的精度。矿图常用的比例尺有1∶500、1∶1000、1∶2000、1∶5000、1∶10000等。在不同比例尺的图面上，比例尺的精度见表2－1。

表2－1 比 例 尺 精 度

比例尺	1∶500	1∶1000	1∶2000	1∶5000	1∶10000
比例尺精度/m	0.05	0.1	0.2	0.5	1.0

从表2－1可知，当测图比例尺确定后，就可推算出测定实际距离时应准确到什么程度；或者为使某种尺寸的物体能在图上表示出来，可按要求确定图纸应该选用多大比例尺。

（二）投影基本知识

各种工程图都是依据一定的投影原理和方法绘制的。因此，了解矿图中应用的投影基本知识，对于我们绘制和识读矿图具有重要意义。

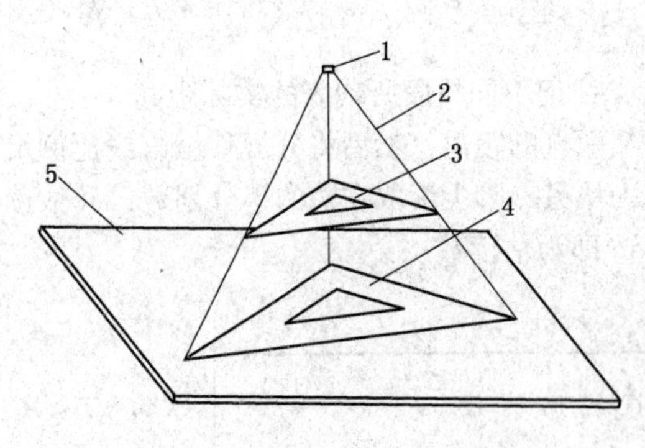

1—投影中心；2—投影线；3—物体；
4—投影；5—投影面

图2-2　投影现象

1. 投影现象

将一块三角板放在灯光下照射，下面就出现了三角板的阴影，此阴影称为三角板的投影，如图2-2所示。

一般来说，投影现象是由投影物体、投影线和投影面3个条件形成的。图2-2中三角板称为投影物体，地面称为投影面，灯光称为投影线。

2. 投影方法

根据投影线是否平行，投影方法分为中心投影法和平行投影法。

1）中心投影法

图2-2所示投影方法称为中心投影法，用中心投影法绘制的投影称中心投影。中心投影的特征：①投影线都是从投影中心发出，彼此不平行；②投影线与投影面斜交，投影的大小随投影中心距物体的远近或者物体离投影面的远近而变化；③投影的形状随物体与投影面的倾斜关系而不同。

中心投影能形成一个与物体相同的直观图形，适合人的感觉，立体感强。在日常生活中，照相、放幻灯片、放映电影等，就是应用这种原理。但这种投影不能满足工程技术所需的度量要求，因而在工程图上应用较少。

2）平行投影法

如果将光源移到无穷远处（如太阳光），投影线可以看作彼此平行。用这种相互平行的投影线，在投影平面上形成物体投影的方法，称为平行投影法。用平行投影法绘制的物体的投影称为平行投影。

绘制矿图时广泛地采用标高投影的原理和方法。有时为了直观地表示采掘工程空间位置的立体关系，也应用轴测投影的方法。标高投影和轴测投影都属于平行投影。

（1）标高投影。采用水平面作为投影面，将空间物体上各特征点垂直投影于该水平面上，以确定各点的平面位置，然后将物体各点的高程（又称标高）注于各点投影的旁边，用于说明各点高于或低于零水平面的数值。这种投影称为标高投影。

（2）轴测投影。正投影的每一个视图，只能表达物体一个方面的尺度和形状，且缺乏立体感。如果用平行投影的方法，将物体连同它的坐标轴向一个投影面进行投影，利用三个坐标轴确定物体的三个尺度，就能在一个投影面中得到反映物体长、宽、高三个方面的形状和尺度的图形。这种投影方法，称为轴测投影。

（三）矿图符号

在矿图上，地面上的地物、地貌，井下的各种巷道、硐室、矿床埋藏状况、岩石性质及各种地质构造等都是以其相似的几何图形或统一规定的矿图符号来表示的。识读、绘制和应用矿图，必须了解有关矿图符号的知识，熟悉那些统一规定的矿图符号。常用的矿图符号包括常用地物、地貌符号，煤矿测量图常用符号，煤矿地质图常用符号，地层岩石常用符号和采煤方法常用符号。具体可参见《煤矿采矿技术文件用图形符号》（GB/T 38110—2019）。

二、基本爆破知识

（一）矿用炸药

我国矿用炸药以硝酸铵系列为主。矿用炸药分为安全炸药和非安全炸药。煤矿安全炸药也称作煤矿许用炸药。非安全炸药又分为露天炸药和在井下使用的岩石炸药两种。

1. 硝铵类炸药

硝铵类炸药是以硝酸铵为主要成分的混合炸药。由于掺入了其他成分，使得硝酸铵缺点（感度低、强度低、传爆不良等）得到部分改善，从而更加突出了它廉价、安全的特点。

1）硝铵炸药（铵梯炸药）

这是我国目前使用最为广泛的工业炸药，以硝酸铵为主要成分，含量约60%以上，梯恩梯的含量一般不到20%，此外还有一个必不可少的成分就是木粉，它在炸药中起疏松作用，使炸药不易结成硬块，并平衡多余的氧。硝铵炸药分为煤矿、岩石、露天三大类。前两类可用于井下，其特点是氧平衡接近于零，有毒气体产生量受严格限制。各类炸药都分为一、二、三、四号，号数愈小，威力越大。煤矿炸药的号数愈大，在矿井使用的安全性越好。

2）铵油炸药

这类炸药因不含梯恩梯，故原料来源丰富，加工简单，使用安全，它的价格也特别低廉。因此在露天矿、金属矿、水利铁道等工程中得到普遍的重视，使用范围逐年增大。简单的铵油炸药是硝酸铵与柴油的混合物。硝酸铵约占95%，在现场混合以多孔粒状者为好。柴油约占5%，一般选用10号轻柴油。煤矿许用的铵油炸药还必须加入适量的食盐以降低爆温。

3）高威力硝铵炸药

上述炸药的威力都属于中等或中等偏低，在煤矿井下通常能够满足使用要求。但是随着采矿工业的发展，进行硬岩深孔爆破、大断面一次成巷、坚硬岩石顶板的强制放顶等，都需要有威力更高的炸药。

提高硝铵炸药威力的途径有以下几种：

（1）增大密度。增大密度可以提高爆轰压力，并在单位体积内容纳更多的药量，但硝铵类炸药密度增高以后起爆感度降低，起爆能量不足时爆速与猛度反而下降，故增大密度的效果是有限的。

（2）加入铝粉。在炸药中掺入研磨极细的铝粉或铝镁合金粉。

（3）加入猛炸药。将5%～20%的黑索金混入含梯恩梯的硝铵炸药，对提高炸药威力效果非常明显，一般可使爆速达到4000 m/s，猛度达到16～19 mm，爆力达到450～500 mL。国产硝铵高威力炸药大都属于增加猛炸药这一类。

2. 水胶炸药

水胶炸药是指以硝酸盐为氧化剂，以硝酸钾为敏化剂，加入可燃剂、胶凝剂和关联剂等制成的凝胶状含水炸药，是一种密度和爆炸性能均可、抗水性好、密度可调节的高威力防水炸药，其感度较高，可直接用雷管起爆。产品包括岩石水胶炸药、煤矿许用水胶炸药和露天水胶炸药。

20世纪70年代又发展了乳化炸药。乳化炸药是借助乳化剂的作用，使氧化剂盐类水溶液的微滴，均匀分散在含有分散气泡或空心玻璃微珠等多孔物质的油相连续介质中，形成一种油包水型的乳胶状炸药。乳化炸药的成分有氧化剂、可燃剂、乳化剂、敏化剂和发泡剂（或称密度控制剂）、稳定剂等。特点是密度大、爆速大、猛度高、抗水性能好、临界直径小、起爆感度好，小直径情况下具有雷管敏感度，一般密度可控制到1.05～1.25 g/cm^3，爆速为3500～5000 m/s。它通常不采用火炸药为敏化剂，生产安全，污染少。

目前乳化炸药研制出的品种很多，有用于露天矿的露天型乳化炸药，有用于中硬岩石爆破的岩石型乳化炸药和用于煤矿井下的许用型乳化炸药，还有用于光面爆破的小直径低爆速乳化炸药。乳化炸药现已广泛应用于各种民用爆破工程中，在积水或潮湿的爆破场所更显示出其优越性。但其贮存稳定性和质量稳定性还较差，需进一步研究改善。

3. 硝化甘油类炸药

这种炸药的主要成分有敏化剂（硝化甘油）、氧化剂（硝酸铵或硝酸钾）、吸收剂（胶质棉）、硫松、可燃剂（木粉）等，其呈黄色可塑性胶体，故又叫胶质炸药。硝化甘油炸药具有爆力大、敏感性强、装药密度大、抗水性能好等特点，适用于浅孔爆破和水下爆破。

（二）起爆材料

1. 雷管

雷管是一种可用其提供的爆炸能来直接起爆炸药或导爆索的管状起爆材料。其管壳过去多为铜质，现在绝大部分已改为纸质。管内装有引火装置、延期引爆元件、正起爆药和副起爆药等。

各种雷管的区别仅在于引火装置和延期引爆元件的不同。直接用导火索火焰引爆正起爆药而无延期引爆元件的雷管叫作火雷管。采用电引火装置的雷管叫作电雷管。无延期引爆元件的电雷管，通电瞬间爆炸，叫作瞬发电雷管；有延期引爆元件的电雷管，按其通电后延期爆炸的时间，分为秒延期电雷管和毫秒延期电雷管。

国产矿用电雷管种类较全，按适用条件区分为岩石电雷管、煤矿安全电雷管和抗杂散电流电雷管；按延期时间区分为瞬发电雷管、秒和半秒延期电雷管、毫秒延期电雷管。

2. 导爆索

导爆索是以临界直径很小的猛炸药为药芯，表面缠绕数层纱线、纸条，并涂覆防潮层而制成的绳索状起爆材料，安全品种加裹一层食盐，防水品种外面加包严密的塑料包皮。导爆索是一种传递爆轰波的爆破器材，用以传爆或引爆炸药，是工程爆破中广泛使用的一种爆破器材。导爆索过去多在露天深孔作业和硐室大爆破中使用。现在由于井下深孔爆破、光面爆破的需要，使用也日益增多。瓦斯矿井只能使用安全导爆索，索端不能伸出孔外，起爆它的雷管也需放在炮孔内部。

3. 发爆器

发爆器是用于起爆电雷管的起爆电源。按使用条件，发爆器有防爆型和非防爆型两类；按结构原理，发爆器有发电机式和电容式两类。现代发爆器多为电容式发爆器。

三、地质知识

（一）煤田地质知识

1. 煤田

煤田是指在同一地史过程中形成并连续发育的煤系分布的区域。煤田大多表现为盆地形态，故又称煤盆地。同一煤田的煤系，可以是连续的，也可以是不连续的，不连续分布是由于煤系形变后长期受剥蚀的结果。根据煤系的出露情况，可将煤田分为3种类型：①暴露式煤田。煤系出露良好，如中国大青山石拐子煤田。②半暴露式煤田。根据下伏岩系的出露，可以圈出部分边界的煤田，如中国开滦煤田。③隐伏煤田。煤系大部分被掩覆，无法确定边界的煤田，如中国苏北的一些煤田。由单一地质时代形成的煤系构成的煤田称为单纪煤田，如中国抚顺、阜新煤田；由几个地质时代的煤系形成的煤田称为多纪煤田，如中国鄂尔多斯煤田。煤田由煤系、盖层和基底3部分构成。根据地质构造、地理环境、生产规模，一个煤田可划分为若干个煤矿区或煤产地，一个矿区又可分为若干个井田。世界上煤炭储量丰富，煤田众多，地质储量在2000亿t以上的大煤田就有20多个，有名的有连斯克（俄罗斯）、鄂尔多斯（中国）和阿巴拉契亚（美国）等煤田。煤田面积一般是几十至几万平方千米，世界上面积最大的煤田为俄罗斯的通古斯煤田，面积约 $1.045\times10^{6}\ km^{2}$，地质储量约20890亿t。

2. 煤的组成及性质

1）煤的物理性质

煤的物理性质是煤的一定化学组成和分子结构的外部表现。它是由成煤的原始物质及其聚积条件、转化过程、煤化程度和风化、氧化程度等因素所决定，包括颜色、光泽、粉色、密度和容重、硬度、脆度、断口及导电性等。其中，除了密度、容重和导电性需要在实验室测定外，其他根据肉眼观察就可以确定。煤的物理性质可以作为初步评价煤质的依据，并可用以研究煤的成因、变质机理和解决煤层对比等地质问题。

（1）颜色。它是指新鲜煤表面的自然色彩，是煤对不同波长的光波吸收的结果。呈褐色—黑色，一般随煤化程度的提高而逐渐加深。

（2）光泽。它是指煤的表面在普通光下的反光能力。一般呈沥青、玻璃和金刚光泽。煤化程度越高，光泽越强；矿物质含量越多，光泽越弱；风化、氧化程度越深，光泽越弱，直到完全消失。

（3）粉色。它指将煤研成粉末的颜色或煤在抹上釉的瓷板上刻划时留下的痕迹，所以又称为条痕色。呈浅棕色—黑色。一般是煤化程度越高，粉色越深。

（4）密度和容重。煤的密度是不包括孔隙在内的一定体积的煤的质量与同温度、同体积的水的质量之比。煤的容重又称煤的体重或假比重，它是包括孔隙在内的一定体积的煤的质量与同温度、同体积的水的质量之比。煤的容重是计算煤层储量的重要指标。褐煤的容重一般为1.05~1.2，烟煤为1.2~1.4，无烟煤变化范围较大，为1.35~1.8。煤岩组成、煤化程度、煤中矿物质的成分和含量是影响密度和容重的主要因素。在矿物质含量相同的情况下，煤的密度随煤化程度的加深而增大。

（5）硬度。它是指煤抵抗外来机械作用的能力。根据外来机械力作用方式的不同，可进一步将煤的硬度分为刻划硬度、压痕硬度和抗磨硬度三类。煤的硬度与煤化程度有关，褐煤和焦煤的硬度最小，约2～2.5；无烟煤的硬度最大，接近4。

（6）脆度。它是煤受外力作用而破碎的程度。成煤的原始物质、煤岩成分、煤化程度等都对煤的脆度有影响。在不同变质程度的煤中，长焰煤和气煤的脆度较小，肥煤、焦煤和瘦煤的脆度最大，无烟煤的脆度最小。

（7）断口。它是指煤受外力打击后形成的断面的形状。煤中常见的断口有贝壳状断口、参差状断口等。煤的原始物质组成和煤化程度不同，断口形状各异。

（8）导电性。它是指煤传导电流的能力，通常用电阻率来表示。褐煤电阻率低。褐煤向烟煤过渡时，电阻率剧增。烟煤是不良导体，随着煤化程度增高，电阻率减小，至无烟煤时急剧下降，而具良好的导电性。

2）煤的化学组成

煤的化学组成相当复杂，大致可分为有机质和无机质两大类。其中，有机质为主体，也是加工、利用的对象；无机质包括矿物杂质和水分，绝大多数是煤中有害成分，对煤的加工和利用产生不良影响。研究煤的化学组成时，一般是通过元素分析和工业分析，了解煤中有机质和无机质的含量与性质，以评价煤质优劣，初步确定煤的种类和用途。

（1）煤的元素组成。煤是由有机物质和无机物质组成的混合物。有机质是煤的主要组成部分，主要由碳、氢、氧组成（占有机质的95%以上），还有氮、硫，以及极少量的磷和其他元素。

（2）煤的工业分析指标。通过工业分析测定的煤的水分、灰分、挥发分和固定碳等煤质指标，是对煤进行工业评价的基本依据，它们大体反映了煤的有机质和无机质的构成和性质，因此可以用来确定煤的质量优劣和工业价值，初步判断煤的种类和工业用途。

3）煤的工艺性质

不同的煤在加工利用过程中，表现出不同的工艺性质；不同工业用煤对工艺性质的要求也各有所异，如炼焦用煤要具有良好的黏结性，动力用煤需要有较高的发热量等。

（1）煤的黏结性。黏结性是煤的重要工业性质。煤的黏结性是指粉碎的煤粒，在隔绝空气条件下加热到约850 ℃时，由于煤中的有机质分解、熔融而使煤粒相互黏结成块的性质。

（2）煤的发热量。煤的发热量是指单位质量的煤完全燃烧后所放出的全部热量，用J/g（焦耳/克）、kJ/kg（千焦耳/千克）表示。

发热量大小与多种因素有关，如煤中水分和矿物质的含量等，但主要取决于煤中碳、氢可燃元素的含量。由褐煤到焦煤，随变质程度加深，发热量逐渐增大，至焦煤阶段最大；此后随变质程度增高，发热量又有所降低（表2－2）。这是由于自褐煤到焦煤阶段，相对碳增加较快、氢减少较慢，而从焦煤至无烟煤阶段，相对碳增加较缓而氢减少较快，且氢的发热量又比碳高得多所造成。

表2－2　煤的发热量与变质程度关系

牌号	无烟煤	贫煤	贫瘦煤	焦煤	气肥煤	长焰煤	褐煤
$Q_{gr,ad}/(J \cdot g^{-1})$	32200～36170	35330～36380	35540～36800	35750～37010	31990～37010	30520～34080	25038～30944

3. 煤的工业分类

煤的种类很多，其组成、性质和用途各不相同。各种工业对煤的质量都有特定的要求。为保证合理有效地利用煤炭资源，必须对煤进行工业分类。

实际工作中可按《中国煤炭分类》（GB/T 5751）执行。现对各类煤的特征表述如下：

（1）无烟煤（WY）。其挥发分低，固定碳高，比重大，纯煤真密度最高可达 1.90，燃点高，燃烧时不冒烟。这类煤可分为 3 类：01 号为老年无烟煤，02 号为典型无烟煤，03 号为年轻无烟煤。无烟煤主要是民用和作为制造合成氨的造气原料。低灰、低硫和可磨性好的无烟煤不仅可以做高炉喷吹及烧结铁矿石用的燃料，而且还可以用来制造各种碳素材料，如可作碳电极、阳极糊和活性炭的原料。某些优质无烟煤制成航空用型煤还可用于飞机发动机和车辆马达的保温。

（2）贫煤（PM）。它是变质程度最高的一种烟煤，不黏结或微弱黏结，在层状炼焦炉中不结焦，燃烧时火焰短，耐烧，主要用作发电燃料，也可作民用和工业锅炉的掺烧煤。

（3）贫瘦煤（PS）。它是黏结性较弱的高变质、低挥发分烟煤，结焦性比典型瘦煤差，单独炼焦时，生成的焦粉甚少。如在炼焦配煤中配入一定比例的这种煤，也能起到瘦化作用，这种煤也可作发电、民用及锅炉燃料。

（4）瘦煤（SM）。它是低挥发分的中等黏结性的炼焦用煤。焦化过程中能产生相当数量的焦质体。单独炼焦时，能得到块度大、裂纹少、抗碎强度高的焦煤，但这种焦炭的耐磨强度稍差，但作炼焦配煤使用，效果较好。这种煤也可作发电和一般锅炉等燃料，也可供铁路机车掺烧使用。

（5）焦煤（JM）。它是中等或低挥发分的中等黏结或强黏结性的烟煤，加热时产生热稳定性很高的胶质体，如用来单独炼焦，能获得块度大、裂纹少、抗碎强度高的焦煤。这种焦煤的耐磨强度也很高。但单独炼焦时，由于膨胀压力大，易造成推焦困难，一般作为炼焦配煤用，效果较好。

（6）1/3 焦煤（1/3JM）。它是一种中高挥发分的强黏结性煤，是介于焦煤、肥煤和气煤之间的过渡煤种，单独炼焦时能生成熔融性良好、强度较高的焦煤，炼焦时这种煤的配入量可在较宽范围内波动，但都能获得强度较高的焦炭，1/3 焦煤也是良好的炼焦配煤用的基础煤。

（7）肥煤（FM）。它是一种中等及中高挥发分的强黏结性的烟煤，加热时能产生大量的胶质体。肥煤单独炼焦时，能生成熔融性好、强度高的焦炭，其耐磨强度也比焦煤炼出的焦炭好，因而是炼焦配煤中的基础煤。但单独炼焦时，焦炭上有较多的横裂纹，而且焦根部分常有蜂焦。

（8）气肥煤（QF）。它是一种挥发分高、胶质体厚度大的强黏结性肥煤，有人称之为“液肥煤”。这种煤的结焦性介于肥煤和气煤之间。单独炼焦时能产生大量气体和液体化学产品。气肥煤最适于高温干馏制煤气，也可用于配煤炼焦，以增加化学产品产率。

（9）气煤（QM）。它是一种变质程度较低的炼焦煤，加热时能产生较多的挥发分和较多的焦油。胶质体的热稳定性低于肥煤，也能单独炼焦，但焦炭的抗碎强度和耐磨强度均稍差于其他炼焦煤，而且焦炭多呈长条形而较易碎，且有较多的纵裂纹。在配煤炼焦时多配入气煤，可增加气化率和化学产品回收率，气煤也可以高温干馏来制造城市煤气。

(10) 1/2 中黏煤（1/2ZN）。它是一种中等黏结性的中高挥发分烟煤。这种煤有一部分在单煤炼焦时能生成一定强度的焦炭，可作为配煤炼焦的煤种；黏结性较弱的另一部分单独炼焦时，生成的焦炭强度差，粉焦率高。因此，1/2 中黏煤可作为气化用煤或动力用煤，在配煤炼焦中也可适量配入。

(11) 弱黏煤（RN）。它是一种黏结性较弱的低变质到中等变质程度的烟煤。加热时，产生的胶质体较少，炼焦时，有的能生成强度很差的小块焦，有的只有少部分能结成碎屑焦，粉焦率很高。因此，这种煤多适于作气化原料和电厂、机车及锅炉的燃料煤。

(12) 不黏煤（BN）。它多是在成煤初期就已经受到相当氧化作用的低变质到中等变质程度的烟煤，加热时基本上不产生胶质体。这种煤的水分大，有的还含有一定量的次生腐殖酸，含氧量有的高达 10% 以上。不黏煤主要作气化和发电用煤，也可作动力和民用燃料。

(13) 长焰煤（CY）。它是一种变质程度最低的烟煤，从无黏结性到弱黏结性的均有，最年轻的长焰煤还含有一定数量的腐殖酸，贮存时易风化碎裂。煤化度较高的长焰煤加热时还能产生一定数量的胶质体，结成细小的长条形焦炭，但焦炭强度甚差，粉焦率也相当高，因此，长焰煤一般作气化、发电和机车等燃料用煤。

(14) 褐煤（HM）。它分为两小类，即透光率 *PM* 大于 30% ~50% 的年老褐煤和 *PM* 小于或等于 30% 的年轻褐煤。褐煤的特点是水分大，比重小，不黏结，含有不同数量的腐殖酸。煤中含氧量常高达 15% ~30%，化学反应性强，热稳定性差，块煤加热时破碎严重，存放在空气中易风化变质、碎裂成小块乃至粉末状。发热量低，煤灰熔点也大都较低，煤灰中常含较多的氧化钙和较低的三氧化二铝。因此，褐煤多作为发电燃料，也可作气化原料和锅炉燃料。有的褐煤可用来制造磺化煤或活性炭，有的可作为提取褐煤蜡的原料。另外，年轻褐煤也适用于制作腐殖酸铵等有机肥料，用于农田和果园，能促进增产。

4. 瓦斯、煤尘及煤的自燃倾向性

瓦斯、煤尘及煤的自燃倾向性是影响矿井安全生产的三项重要因素。

1) 矿井瓦斯

矿井瓦斯是指在煤矿生产过程中，由煤层及其围岩释放出来的有害气体。瓦斯是多种成分的混合气体，包括甲烷（CH_4）、氮（N_2）、二氧化碳（CO_2）、硫化氢（H_2S）、一氧化碳（CO）和重烃（C_2H_6、C_3H_8、C_4H_{10}）等。

2) 煤尘

煤尘是矿井生产过程中所产生的煤的微粒。随着采煤机械化程度的提高，井下煤尘量也相应地增大。悬浮于井下巷道及工作面的煤尘，在高温（一般为 700 ~800 ℃）热源（爆破火焰、电火花等）的条件下，能够燃烧和爆炸，其后果较瓦斯爆炸更为严重。煤尘的爆炸性与煤的挥发分有密切关系。一般煤的挥发分产率愈高，煤尘爆炸的危险性愈大，见表 2-3。

表 2-3　煤尘爆炸性与挥发分关系

煤尘爆炸性	V_{daf}/%
不爆炸	<10
爆炸性弱	10 ~15
爆炸性开始迅速增加	>15

3) 煤的自燃倾向性

暴露在空气中的煤，由于氧化放热导致温度逐渐升高，至 70 ~80 ℃以后温度升高速度骤然加快，当达到煤的着火点（300 ~ 350 ℃）时，引起燃烧。这种现象称为煤的自燃倾向性。

5. 煤层的顶底板

在正常的沉积序列中，位于煤层上部一段距离内的岩层称为煤层的顶板，位于煤层之下一段距离内的岩层，称为煤层底板。煤层顶底板岩石的性质、节理发育程度、强度、含水性、可塑性等，直接关系到煤矿的采掘生产，是确定巷道支护方式、顶板管理方法的重要依据。煤层顶板可分为伪顶、直接顶和基本顶3种，煤层底板可分为直接底、基本底两种，如图2－3所示。

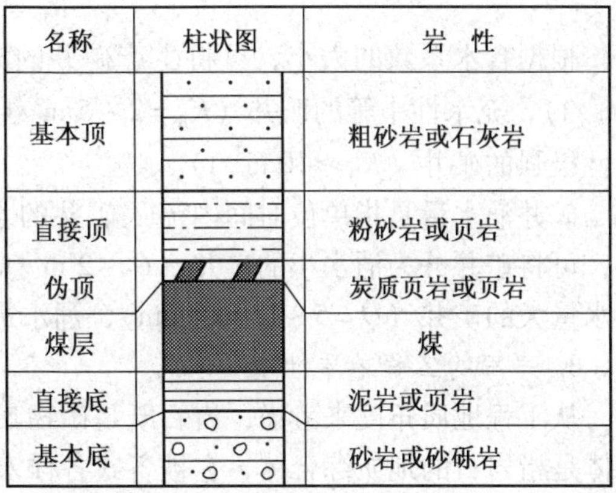

名称	柱状图	岩 性
基本顶		粗砂岩或石灰岩
直接顶		粉砂岩或页岩
伪顶		炭质页岩或页岩
煤层		煤
直接底		泥岩或页岩
基本底		砂岩或砂砾岩

图2－3　煤层顶底板构成图

（二）矿井水文地质和工程地质知识

矿井建设和生产过程中流入井下空间的矿井水，以及与煤矿开拓、开采有关的工程地质问题，对煤矿建设、生产的影响很大，因此必须搞清矿井充水的水文地质特征和工程地质特征，以便选择合理的开采方法，选择经济合理的安全措施。

1. 地下水

1）地下水在岩石中存在的形式

水在岩石空隙中存在的形式，主要有以下几种：

（1）气态水。它是指呈气体状态充满在岩石空隙中的水蒸气。

（2）结合水。它是因分子力作用而被吸附于岩石颗粒表面的水。

（3）毛细水。它是充填于岩石毛细孔隙和细的裂隙中的水。

（4）重力水。它是指完全受重力作用影响而运动的地下水。重力水存在于岩石中较大的孔隙和孔洞内，具有液态水的一般通性。

（5）固态水。当温度低于水的冰点时，岩石中的水便成为固态的冰。

2）含水层和隔水层

含有地下水且透水的岩层称为含水层，它亦是在地下水位以下的透水岩层，如砾岩层和砂层组成的碎屑岩层、裂隙岩溶发育的石灰岩和白云岩等岩层。由不透水岩石构成的岩层，具有隔绝地下水的性能，称为隔水层，如页岩和泥灰岩构成的岩层，以及裂隙岩溶不发育的基岩。地下水遇到隔水层，受到阻挡，无法透过，当井下巷道开凿在这些岩层中时，就干燥无水。

2. 矿井水

矿井水是指在矿井建设和生产过程中，流入井筒、巷道及采煤工作面的地表水、地下水、老窑积水和大气降水。矿井充水的水源主要有大气降水、地表水、含水层水、老窑积水、断层水5种。矿井充水通道主要有岩石的孔隙与岩层裂隙、断层、陷落柱、岩溶洞隙和人为因素产生的矿井充水通道。矿井充水程度的表示方法主要有含水系数和矿井涌水量两种。含水系数又称富水系数，是指矿井中排出水量 Q 与同一时期矿井中煤炭采出量 P 的比值，以 K_B（单位 m^3/t）表示，即

$$K_B = Q/P$$

根据含水系数的大小，可将生产矿井的充水程度分为4种：充水性弱的矿井（$K_B<2\ m^3/t$），充水性中等的矿井（$K_B=2\sim5\ m^3/t$），充水性强的矿井（$K_B=5\sim10\ m^3/t$），充水性极强的矿井（$K_B>10\ m^3/t$）。

矿井涌水量是指单位时间内流入矿井的水量，通常用Q表示。根据矿井涌水量的大小，可将矿井分为涌水小的矿井（$Q<2\ m^3/min$），涌水中等的矿井（$Q=2\sim5\ m^3/min$），涌水量大的矿井（$Q=5\sim15\ m^3/min$），涌水最大的矿井（$Q>15\ m^3/min$）。

3. *岩石的工程地质性质*

从工程地质角度来考虑，岩石既是矿物集合体，又是无显著软弱面的石质建筑材料。岩体是指岩石的地质综合体，它被各式各样宏观地质界面分割成大小不等、形态各异，多按一定规律排列的许多块体。岩石与岩体的本质区别是岩体存在结构面。

岩体是井巷施工的主要对象，它的物理力学性质对凿井爆破及支护有很大影响。

1）构造

岩体的非均质性、层理性以及裂隙性是岩体最突出的结构特性。

均质性好的岩体强度高，透水性差，对掘进安全施工有利；均质性差的岩体则强度差，透水性好，对掘进施工安全不利。

岩体的层理性是煤岩的重要构造特征。垂直层理面方向的岩石抗压强度大于平行层理面方向的岩石抗压强度，二者比值，岩石约为1.3，煤约为1.5。层理面方向不同，巷道冒顶的形状也不同。岩体的裂隙性对巷道施工安全影响最大，岩体内由于存在着大大小小的裂隙（原生裂隙与次生裂隙），在岩体中就形成了明显的弱面，所以在掘进过程中，经常会在没有预兆的情况下，发生冒顶事故。同时，裂隙也是水和瓦斯泄出的通道。

节理和裂隙发育的岩体，钻眼时很容易夹钎子并会不同程度地降低爆破效果增加支护难度。

2）岩石的力学性质

岩石的力学性质是指岩石在静力或动力的作用下所产生的岩石的变形特征。包括应力—应变—时间关系的全过程所表现的一些性能；岩石的强度特性，如抗拉强度、抗压强度、抗剪强度；岩石的动力性质，如波在岩石中传播的特征等。这些性能，不仅取决于岩石的成分和结构等因素，还与岩石的受力条件有很大关系。

（1）岩石的变形特征。岩石的变形特征，反映岩石在载荷作用下改变自身的形状或体积直至破坏的情况。岩石在载荷作用下，首先发生变形，当载荷增大至超过某一数值（极限强度）时，就会导致岩石的破坏。就是说，变形阶段包含着岩石破坏因素，而破坏则是不断变形的结果。

根据受力情况不同，岩石的变形有以下几种状态：

① 弹性变形。岩石在载荷作用下，改变自身的形状或体积，当去掉载荷以后，又能恢复其原来形状或体积，这种变形称作弹性变形。如井下石灰岩板受压弯曲，在岩层折断后，会出现弹性恢复。

② 塑性变形。岩石在载荷作用下发生变形，当去掉载荷后变形不能完全恢复，这种不能完全恢复的变形称作塑性变形。如在软岩中掘进巷道时出现的底鼓，就是明显的塑性变形。

③ 脆性破坏。岩石在载荷作用下，没有明显的塑性变形就突然破坏，这种破坏称作脆性破坏，这种岩石称作脆性岩石。煤矿井下大部分岩石均为脆性岩石。

④ 弹塑性变形。岩石同时具有弹性变形和塑性变形，这种变形称作岩石的弹塑性变形。煤矿巷道、硐室周围的煤或岩体处于三向（或双向）受力状态，发生破坏后，虽然其结构发生了变化，但仍然保留一定的承载能力，其侧向应力愈大，其残余强度也愈大。这个规律对于在井下控制煤柱和岩体的稳定性很有现实意义。

⑤ 流变。许多岩石的变形并非在一瞬间完成，而是与时间有密切关系。通常把岩石在长期载荷作用下的应力应变随时间而变化的性质称为岩石的流变性。不同的岩石，其流变速率差异很大。如位于软岩中的巷道，由于软岩流变速率大，开掘后，巷道断面很快就会缩小到难以通行；而位于坚硬岩石（如石灰岩）中的巷道可以不支护，也能保证安全生产。

岩石的流变性质可分为蠕变、弹性后效和松弛几类。

- 蠕变是指在恒定载荷持续作用下，应变随时间增长而变化的现象。它又可分为稳定蠕变和不稳定蠕变两类。稳定蠕变是指岩石在恒定载荷作用下，应变量增加，然后逐渐减缓，最后趋于稳定值；不稳定蠕变是指岩石在恒定载荷作用下，应变量随时间增长而不断增加，直到岩石破坏。如立井井筒在马头门上 10～15 m 处经常开裂，多是蠕变的结果。
- 弹性后效是指岩石加载后需要经过一段时间后，弹性变形才能完全恢复的现象。
- 松弛是指在变形量一定的条件下，应力随时间的持续而逐渐减少的现象。

（2）岩石的强度特性。岩石的强度特性反映岩石抵抗破坏的能力。用单位面积上所受的力的大小来表示，其单位为 Pa（帕）。岩石强度的大小，一般按下列顺序排列：

三向等压>三向非等压>双向等压>单向等压>剪切>弯曲>单向拉伸

一般岩石的单向抗拉强度仅为单向抗压强度的 1/30～1/5，双向抗压强度为单向抗压强度的 1.5～2.0 倍。

岩石的强度越高，其抵抗外力的变形、破坏的能力越强，则巷道就越稳定。有的巷道处在强度较高的围岩中，不支护（裸巷）就可维持巷道的稳定。

（3）岩石的破坏特性。岩石的破坏方式主要是拉断、剪断、塑性变形等。在井巷掘进施工中，常见的破坏方式有较软岩体出现曲线形破裂面，坚硬岩体沿结构面滑动，脆性岩体出现突然岩块张拉破裂；坚固岩层内夹有软岩层时，软弱夹层呈现塑性挤出的破坏。

3）岩石的工程分级

为了有效地破岩和合理地进行井巷维护，就必须在研究岩石与岩体的物理力学性质的基础上制定出岩石的工程分类，并以此作为选择破岩和井巷支护方法的科学依据。

岩石工程分级方法较多。我国煤矿常用的是按岩石坚固性和围岩稳定性对岩石进行分级、分类。按岩石坚固性进行分级的方法，即普氏分级方法，至今仍然使用。普氏理论认为，岩石的坚固性对于各种破岩方法的表现是趋于一致的，因此普氏理论提出一个表示岩石坚固性的综合指标“岩石的坚固系数 f”（也称硬度系数），并以此来表示岩石破坏的相对难易程度。因为岩石抗压能力最强，故将岩石单轴抗压强度极限的 1/10 作为岩石的坚固性系数，即 $f=R/10$（R—岩石单轴抗压强度，MPa）。岩石的抗压强度见表 2－4，岩石的坚固性见表 2－5。

表2-4　岩石的抗压强度

沉积岩			岩浆岩			变质岩		
名称	天然视密度/（$g \cdot cm^{-3}$）	抗压强度/（$kg \cdot cm^{-3}$）	名称	天然视密度/（$g \cdot cm^{-3}$）	抗压强度/（$kg \cdot cm^{-3}$）	名称	天然视密度/（$g \cdot cm^{-3}$）	抗压强度/（$kg \cdot cm^{-3}$）
砾岩	1.9~2.2	200~1000	花岗岩	2.6~2.8	1100~2400	片麻岩	2.6~2.9	1200~2000
砂岩	2.2~2.6	500~1400	闪长岩	2.9~3.0	1800~2400	板岩	2.7~2.75	400~600
黏土岩	2.4~2.7	15~400	辉长岩	2.7~3.3	1400~3500	大理岩	2.7	700~1200
石灰岩	1.8~2.7	280~1500	玄武岩					
泥灰岩	2.3~2.5	60~300	流纹岩	2.1~2.6	400~1800	石英岩	2.5~2.8	2000~4000
白云岩	2.4~2.7	900~2000	凝灰岩	2.0~2.6	40~220	片岩	2.3~2.7	200~1200

表2-5　普氏岩石分级表

级别	坚固性程度	岩　石	普氏系数 f
Ⅰ	最坚固的岩石	最坚固、最致密的石英岩及玄武岩	20
Ⅱ	很坚固的岩石	很坚固的花岗岩类，石英板岩，硅质片岩；最坚固的砂岩及石灰岩	15
Ⅲ	坚固的岩石	致密的花岗岩，很坚固的砂岩及石灰岩，石英质矿脉，很坚固的铁矿石	10
Ⅲa	坚固的岩石	坚固的石灰岩，不坚固的花岗岩，坚固的砂岩，坚固的大理岩，白云岩，黄铁矿	8
Ⅳ	相当坚固的岩石	一般的砂岩，铁矿石	6
Ⅳa	相当坚固的岩石	砂质页岩，泥质砂岩	5
Ⅴ	坚固性中等的岩石	坚固的页岩，不坚固的砂岩及石灰岩，软的砾岩	4
Ⅴa	坚固性中等的岩石	各种不坚固的页岩，致密的泥灰岩	3
Ⅵ	相当软的岩石	软的页岩，很软的石灰岩，白垩，岩盐，石膏，冻土，无烟煤，普通泥灰岩，破碎的砂岩，多石块的土	2
Ⅵa	相当软的岩石	碎石土，结块的卵石，坚硬的烟煤，硬化的黏土	1.5
Ⅶ	软岩	致密的黏土，软的烟煤，坚固的表土层	1.0
Ⅶa	软岩	微砾质黏土，黄土，细砾石	0.8
Ⅷ	土质岩石	腐殖土，泥煤，微砾质黏土，湿砂	0.6
Ⅸ	松散岩石	砂，细砾，松土，采下的煤	0.5
Ⅹ	流砾状岩	流砂，沼泽土壤，包含水的土壤	0.3

四、测量基础知识

矿山包括煤矿、金属矿、非金属矿、建材矿和化学矿等。矿山测量是矿山建设时期和生产时期的重要一环。由于矿山测量工作涉及地面和井下，不但要为矿山生产建设服务，也要为安全生产提供信息，以供矿山企业对安全生产做出决策。矿山测量的任何疏忽或粗略都会影响生产或有可能导致严重事故发生。因此，矿山测量在矿山开采中的责任与作用都是很大的。它的主要任务是：

（1）建立矿区地面和井下测量控制系统，测绘大比例尺地形图。

（2）矿山基本建设中的施工测量。

（3）测绘各种采掘工程图、矿山专用图及矿体几何图。

（4）对资源利用及生产情况进行检查和监督。

（5）观测和研究由于开采所引起的地表及岩层移动的基本规律。

（6）进行矿区土地复垦及环境综合治理研究。

（7）进行矿区范围内的地籍测量。

测量主要分为角度、距离和方向测量。

1）角度测量

测定水平角或竖直角的工作。水平角是一点到两个目标的方向线垂直投影在水平面上所成的夹角。竖直角是一点到目标的方向线和一特定方向之间在同一竖直面内的夹角。通常以水平方向或天顶方向作为特定方向。水平方向和目标方向间的夹角称为高度角。天顶方向和目标方向间的夹角称为天顶距。角度的度量常用60分制和弧度制。60分制即一周为360°，1°为60′，1′为60″。弧度制采用圆周角的$1/2\pi$为1弧度，1弧度约等于57°17′45″。角度测量主要使用经纬仪。测角时安置经纬仪，使仪器中心与测站标志中心在同一铅垂线上，利用照准部上的水准器整平仪器后，进行水平角或竖直角观测。

观测两个方向之间的水平夹角采用测回法，对3个以上的方向采取方向观测法或全组合测角法。

测回法即用盘左（竖直度盘位于望远镜左侧）、盘右（竖直度盘位于望远镜右侧）两个位置进行观测。用盘左观测时，分别照准左、右目标得到两个读数，两数之差为上半测回角值。为了消除部分仪器误差，倒转望远镜再用盘右观测，得到下半测回角值。取上、下两个半测回角值的平均值为一测回的角值。按精度要求可观测若干测回，取其平均值为最终的观测角值。

方向观测法是当有3个以上方向时，在上、下各半测回中依次对各方向进行观测，以求得各方向值，上、下两个半测回合为一测回，这种方法称为全圆测回法。按精度需要测若干测回，可得各方向观测值的平均值，所需角度值由相应方向值相减即得。

全组合测角法，每次取两个方向组成单角，将所有可能组成的单角分别采取测回法进行观测。各测站的测回数与方向数的乘积应近似地等于一常数。由于每次只观测两个方向间的单角，可以克服各目标成像不能同时清晰稳定的困难，缩短一测回的观测时间，减少外界条件的影响，易于获得高精度的测角成果。适用于高精度三角测量。

观测竖直角以望远镜十字丝的水平丝分别按盘左和盘右照准目标，读取竖直度盘读数为一测回。如测站上有几个观测目标，先在盘左依次观测各目标，再在盘右依相反顺序进行观测。读数前，必须使竖盘指标水准气泡严格居中。

2）距离测量

即测量地面上两点连线长度的工作，是测量工作中最基本的任务之一。通常需要测定的是水平距离，即两点连线投影在某水准面上的长度。距离测量的精度用相对精度表示，即距离测量的误差同该长度的比值，用分子为1的分式$1/n$表示。距离测量的方法有量尺量距、视距测量、视差法测距和电磁波测距等，可根据测量的性质、精度要求和其他条件选择。

（1）量尺量距。用量尺直接测定两点间距离，分为钢尺量距和因瓦基线尺量距。钢尺是用薄钢带制成，长 20 m、30 m 或 50 m。所量距离大于尺长时，需先标定直线再分段测量。钢尺量距的精度一般高于 1/1000。

（2）视距测量。用有视距装置的测量仪器，按光学和三角学原理测定两点间距离的方法。常用经纬仪、平板仪、水准仪和有刻划的标尺施测。通过望远镜的两条视距丝，观测其在垂直竖立的标尺上的位置，视距丝在标尺上的间隔称为尺间隔或视距读数，仪器到标尺间的距离是尺间隔的函数。对于大多数仪器来说，在设计时使距离和尺间隔之比为 100。视距测量的精度可达 1/300 ~ 1/400。

（3）视差法测距。用经纬仪测量定长基线横尺所对的水平角，利用三角公式计算仪器至基线间的水平距离。此水平角称视差角。基线横尺两端固定标志间的距离一般为 2 m。尺上装有水准器和瞄准器，以便将横尺安置水平并使尺面与测线垂直。视差法测距的精度较低。

（4）电磁波测距。新的理想的测距方法，测程较长，测距精度高，工作效率高。

3）方向测量

确定一条直线的方向称为直线定向。要确定直线的方向，首先要选定一标准方向线，作为直线定向的依据，然后由该直线与标准方向线之间的水平角确定其方向。

（1）标准方向。在测量中常以真子午线、磁子午线、坐标纵轴作为直线定向的标准方向。

① 真子午线。通过地面上某点指向地球南北极的方向线，称为该点的真子午线。用天文观测的方法或陀螺经纬仪来测定。

② 磁子午线。磁针在地球磁场的作用下自由静止时所指的方向，即为磁子午线方向。

由于地磁的南北极与地球的南北极并不重合，因此，地面上某点的磁子午线与真子午线也不一致，它们之间的夹角称为磁偏角 δ（图 2 - 4）。磁针北端所指的方向线偏于真子午线以东的称为东偏，规定为正，偏西的称为西偏，规定为负。磁偏角的大小随地点的不同而不同，即使在同一地点，由于地磁经常变化，磁偏角的大小也有变化，我国磁偏角的变化在 +6°（西北地区）和 -10°（东北地区）之间，北京地区的磁偏角约为 -6°。

③ 坐标纵轴。经过地球表面各点的子午线收敛于地球两极。地面上两点子午线方向间的夹角称为子午线收敛角，用 γ 表示（图 2 - 5）。它给计算工作带来不少麻烦，因此，在测量上常采用高斯—克吕格平面直角坐标的坐标纵轴作为标准方向。优点是任何点的标准方向都平行于坐标纵轴。

（2）直线方向的表示方法。测量中常用方位角或坐标方位角来表示直线的方向。

① 方位角。从直线一端的子午线北端开始顺时针方向至该直线的水平角，称为该直线的方位角，角值为 0° ~ 360°。如果以真子午线为标准方向，称为真方位角；以磁子午线为标准方向，称为磁方位角。如图 2 - 6 所示，A_{0-1}、A_{0-2}、A_{0-3}、A_{0-4} 分别为直线 1、2、3、4 的真方位角，如为磁方位角以 A' 表示。

同一条直线的不同端点其方位角也不同，如图 2 - 7 所示，在 A 点测的方位角为 A_{ab}，在 B 点测的方位角为 A_{ba}，则有

$$A_{ba}=A_{ab}+180^\circ\pm\gamma$$

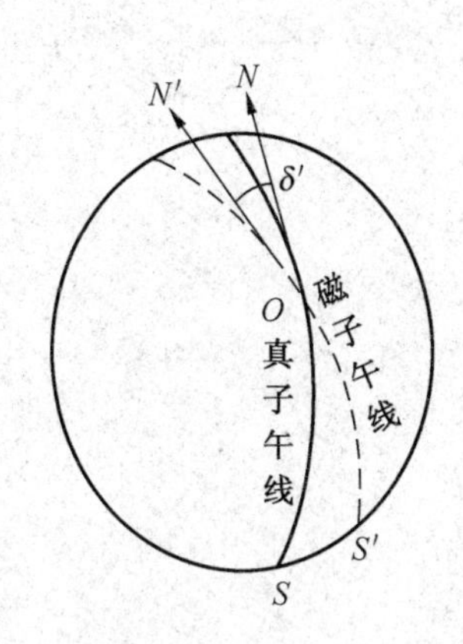

图2-4 磁偏角示意图

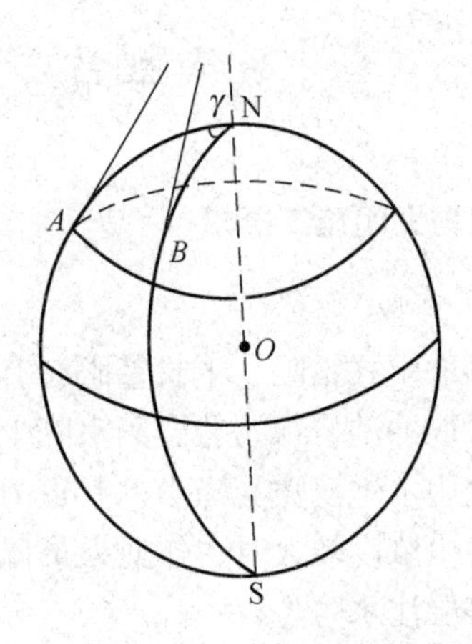

图2-5 子午线夹角

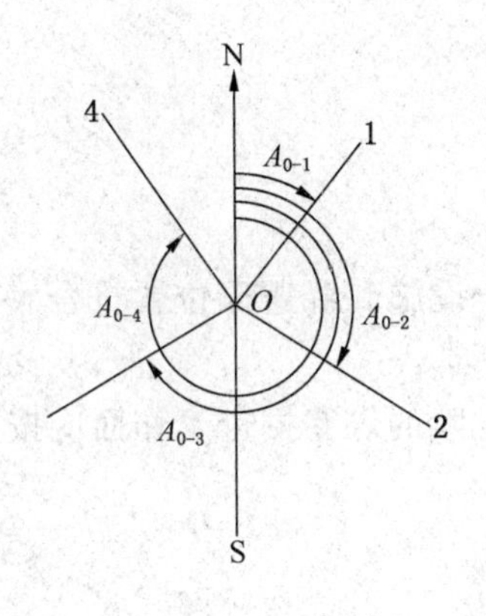

图2-6 方位角

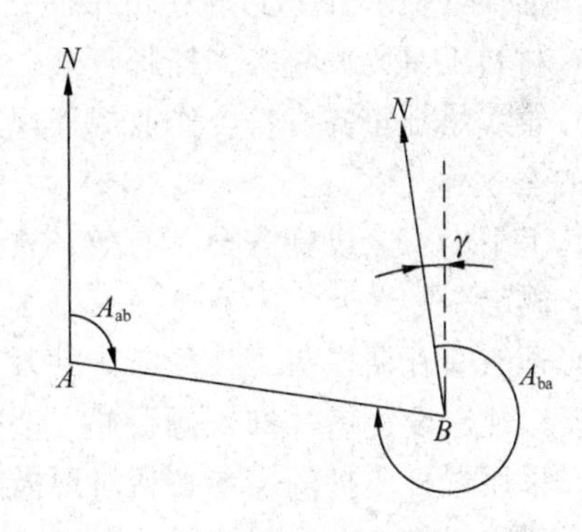

图2-7 正反方位角

测量中常以直线前进方向为正方向，反之则为反方向。设 A 点为直线的起始端，B 点为直线的终端，则 A_{ab} 为正方位角，A_{ba} 为反方位角。

② 坐标方位角。从坐标纵轴的北端顺时针方向到一直线的水平角，称为直线的坐标方位角，用 d 表示。一直线的正、反坐标方位角相差 180°（因为两端点的指北方向互相平行）。

（3）罗盘仪。罗盘仪是用来测定直线方向的仪器，它测得的是磁方位角，其精度虽不高，但具有结构简单，使用方便等特点，在普通测量中使用较为广泛。

罗盘仪主要由磁针、刻度盘和望远镜等三部分组成。磁针位于刻度盘中心的顶针上，静止时，一端指向地球的南磁极，另一端指向北磁极。一般在磁针的北端涂黑漆，在南端绕有铜丝，用此标志来区别北端和南端。磁针下有一小杠杆，不用时应拧紧杠杆一端的小螺丝，使磁针离开顶针，避免顶针不必要的磨损。刻度盘的刻划通常以 1°或 30°为单位，每 10°有一注记，刻度盘按反时针方向从 0°注记到 360°。望远镜装在刻度盘上，物镜端与目镜端分别在刻划线 0°与 180°的上面。罗盘仪在定向时，刻度盘与望远镜一起转动指向目标，当磁针静止后，度盘上由0°逆时针方向至磁针北端所指的读数就是磁方位角。

第二节　文明生产知识

一、现场文明施工要求

1. 综合防尘

（1）采取湿式钻眼、干式钻眼时有捕尘措施。

（2）采取冲洗岩帮、装岩洒水降尘措施。

（3）使用水炮皮喷雾降尘，巷道内有风流净化装置。

（4）粉尘浓度较大时，作业人员佩戴个人防护用品。

（5）煤层注水防尘。

2. 巷道整洁

（1）巷道内无杂物、无淤泥积水。

（2）浮煤（矸）不超过轨枕上平面，水沟畅通。

（3）材料工具码放整齐，挂牌管理。

（4）管线吊挂整齐，符合作业规程规定。

3. 安全设施

（1）上下山安全设施齐全、有效，责任到人，安全设施和躲避硐位置符合《煤矿安全规程》规定。

（2）迎头有瓦斯探头，高瓦斯矿井及有煤尘爆炸危险的煤巷掘进工作面应按《煤矿安全规程》规定设置隔（抑）爆设施。

（3）采用锚杆支护的煤巷必须对顶板离层进行监测。

（4）扒岩机作业有照明装置。

4. 顶板管理

（1）掘进头控顶距符合作业规程规定，严禁空顶作业。

（2）临时支护形式必须按作业规程要求执行。

（3）杜绝锚杆穿皮现象。

（4）锚喷支护要坚持初喷护顶浆。

（5）架棚支护巷道必须使用拉杆或撑木，炮掘工作面距迎头 10 m 内必须采取加固措施。

5. 爆破管理

（1）引药制作、火工品存放符合规程规定。

（2）爆破撤人距离和警戒设置符合作业规程要求。

（3）爆破员持证上岗，爆破作业符合《煤矿安全规程》规定。

6. 施工图板管理

（1）作业场所有规范的符合现场实际的施工作业图板。

（2）图板图文标注清晰、准确、保护完好。

（3）现场作业人员熟知图表内容。

二、劳动保护知识

1. 煤炭行业主要职业危害

在煤炭行业中，主要的职业危害因素有煤矿井下生产性粉尘、有害气体、生产性噪声和震动、不良气候条件和放射性物质。

2. 职业危害

1）工伤

工伤就是因工受伤。这种职业伤害可以轻微，可以严重，可以终身伤害，甚至可以死亡。发生工伤原因很多，除了上述职业危害因素外，工人缺乏安全生产知识和不注意防护亦是造成工伤的重要因素之一。

2）职业病

在生产劳动过程中由职业危害因素引起的疾病称为职业病。但是，目前所说的职业病是国家明文规定列入职业病名单的疾病，称为法定职业病。国家卫生计生委等 4 部门 2013 年公布的法定职业病范围共有 10 大类 132 种。尘肺病是我国煤炭行业主要的职业病，煤工尘肺病累计总数居全国各行业之首。

3）工作相关疾病（职业多发病）

工作相关疾病与职业危害因素相关，但职业危害不是工作相关疾病发生的直接原因，仅是导致发病的因素之一。

3. 主要劳动保护措施

（1）煤矿企业必须加强职业危害的防治与管理，做好作业场所的职业卫生和劳动保护工作。采取有效措施控制尘、毒危害，保证作业场所符合国家职业卫生标准。

（2）作业场所空气中粉尘（总粉尘、呼吸性粉尘）浓度应符合要求。

（3）煤矿企业必须按国家规定对生产性粉尘进行监测。

（4）作业场所的噪声不应超过 85 dB（A）。大于 85 dB（A）时，需配备个人防护用品；大于或等于 90 dB（A）时，还应采取降低作业场所噪声的措施。

（5）矿区水源和供水工程应保证矿区工业用水量，其水质应符合国家卫生标准。

（6）煤矿企业必须按国家规定对生产性毒物、有害物理因素等进行定期监测。

（7）煤矿企业必须按国家有关法律、法规的规定，对新入矿工人进行职业健康检查，并建立健康档案；对接尘工人的职业健康检查必须拍胸片。

（8）对有职业病者定期进行复查。

（9）患有不适于从事井下工作的其他疾病病人，不得从事井下工作。

（10）粉尘、毒物及有害物理因素超过国家职业卫生标准的作业场所，除采取防治措施外，作业人员必须佩戴防尘或防毒等个体劳动防护用品。

第三节　煤矿安全生产标准化知识

一、煤矿安全生产标准化的意义

煤矿安全生产标准化强调安全生产的规范化、制度化、标准化、科学化、法制化，是煤矿企业的基础工程、生命工程和效益工程。煤矿安全生产标准化融合了安全风险分级管控与隐患排查治理，是构建煤矿安全生产长效机制的重要措施，是我国煤炭行业经过多年实践探索，逐步发展形成的一整套安全生产管理体系和方法。

二、煤矿安全生产标准化的考核定级

煤矿安全生产标准化管理体系分为一级、二级、三级，一级的由国家矿山安全监察局组织考核定级，二级、三级的由省级主管部门考核定级。煤矿取得安全生产标准化管理体系相应等级后，考核定级部门每3年进行一次复查复核。

三、煤矿安全生产标准化的考核内容

井工煤矿安全生产标准化管理体系的考核内容包括：理念目标和矿长安全承诺、组织机构、安全生产责任制及安全管理制度、从业人员素质、安全风险分级管控、事故隐患排查治理、质量控制（通风、地质灾害防治与测量、采煤、掘进、机电、运输、调度和应急管理、职业病危害防治和地面设施）、持续改进等方面的内容。

四、安全生产标准化对一般从业人员的要求

(1) 从业人员要认真学习安全生产标准化的相关知识，掌握安全生产标准化对自己岗位的具体要求，积极参加师徒结队、技术比武、岗位练兵等活动，提升自己的岗位技能，为安全生产标准化建设达标与持续改进打好基础。

(2) 上标准岗、干标准活。对每道工作程序都按操作规程做到工序到位、行为规范、操作熟练，生产达标。

(3) 积极参加技术创新活动。围绕安全生产、安全标准化建设开展技术改革和创新，为区队安全生产达标做出贡献。

(4) 改变安全观念，文明生产。变“要我安全”为“我要安全、我会安全”，真正成为安全管理的主人，杜绝“三违”现象发生，确保安全生产。自觉维护作业场所的整洁和卫生，爱护环境，文明生产。

第四节　安　全　知　识

一、《煤矿安全规程》

2022年1月6日，应急管理部公布《应急管理部关于修改〈煤矿安全规程〉的决定》，自2022年4月1日起施行。

1.《煤矿安全规程》的性质

《煤矿安全规程》是煤矿安全法规群体中一部最重要的部门规章，它既具有安全管理的内容，又具有安全技术的内容，更具有安全操作的要求。

《煤矿安全规程》是煤炭工业贯彻执行党和国家安全生产方针和国家有关矿山安全法规在煤矿的具体规定，是保障煤矿从业人员安全与健康、保证国家资源和财产不受损失，促进煤炭工业现代化建设必须遵循的准则。全国国有煤矿企业、事业单位及其主管部门，

包括地质、计划、设计、基建、生产、制造、供应、财务、劳资、干部、科研、教育、卫生等部门都必须严格执行《煤矿安全规程》。因此，《煤矿安全规程》是在安全管理特别是在安全技术上总的规定，是煤矿从业人员从事生产和指挥生产最重要的行为规范。

2.《煤矿安全规程》的特点

（1）强制性。违反《煤矿安全规程》要视情节或后果给予经济和行政处分。对造成重大事故和严重后果者，要进一步按照有关法律和法规追究行政责任（行政处分和行政处罚）和刑事责任，由特定的行政机关和司法机关强制执行。

（2）科学性。《煤矿安全规程》的每一条规定都是经验总结或血的教训，都是以科学实验为依据，科学和准确地对煤矿的各种行为作出的要求。

（3）规范性。《煤矿安全规程》的每一条规定都是在煤矿特定条件下可以普遍适用的行为规则，它明确规定了煤矿生产建设中哪些行为被禁止，哪些行为被允许。

（4）稳定性。《煤矿安全规程》一经颁布执行，不得随意修改，在一段时间内有相对的稳定性。经应用一段时间后，由国务院相关主管部门按规定程序修改。

3.《煤矿安全规程》的作用

（1）《煤矿安全规程》具体地体现国家对煤矿安全工作的要求，进一步调整煤矿企业管理中人和人之间的关系。

（2）《煤矿安全规程》正确反映煤矿生产的客观规律，明确煤矿安全技术标准，调整煤炭生产中人和自然的关系。

（3）《煤矿安全规程》同其他安全法规一样，有利于加强法制观念、限制违章、惩罚犯罪、确保安全。

（4）《煤矿安全规程》有利于加强职工监督安全生产的权力，有利于发动群众，搞好安全生产。

二、“一通三防”知识

“一通三防”中，“一通”是指矿井通风，“三防”是指防治瓦斯、防治煤尘、防灭火。

矿井内空气的主要成分是氧气、氮气和二氧化碳 3 种气体，此外还有少量的水蒸气、有害性气体和矿尘等。矿井内空气中的有害气体，是由煤体及围岩中涌出或在生产过程中产生的。这些气体中，一氧化碳具有剧毒性，二氧化氮和硫化氢具有强烈毒性，二氧化硫和氨具有强烈腐蚀性，瓦斯和氢气具有强烈爆炸性。对煤矿井下而言，最大的危害气体就是瓦斯和一氧化碳气体。在矿井生产及加工过程中所产生的各种微粒统称为矿尘。煤矿中产生的矿尘主要有煤尘和岩尘。矿尘存在状态分为两种：沉积于器物表面或井巷四壁之上的为落尘；悬浮于井巷空间空气中的为浮尘（或飘尘）。落尘与浮尘受风流影响可以相互转化。防尘技术主要是针对悬浮于空气中的浮尘。矿尘主要来源于煤矿生产中几乎所有的作业环节，其中以凿岩、打眼、爆破、割煤、落煤、移架、放顶及运输转载等工序生成的矿尘最多；煤层或围岩中由于地质作用生成的原矿尘是矿尘的次要来源。

煤矿井下，矿尘的危害主要表现在以下几个方面：

（1）对人体健康的危害。长期在粉尘作业环境下工作（如从事采煤、掘进工作等）的职工，有可能患职业病——尘肺病，它包括硅肺病、煤肺病和煤硅肺病三种类型。

（2）职工作业环境空气中浮游的矿尘，既恶化工作条件，影响视线，又刺激矿工的眼睛和气管，操作中容易造成人身伤亡事故。

（3）煤尘具有爆炸性。当空气中浮游大量粉尘时，遇火源能引起爆炸。在瓦斯爆炸事故中若参入煤尘爆炸，会使爆炸威力加强，使灾害扩大。

矿井通风的基本任务是为井下作业人员提供足够的新鲜空气，把井下有害气体及矿尘稀释到安全浓度以下并排出矿井，保证井下有适宜的气候条件（温度、湿度与风速），以利于工人劳动和机器运转。

三、矿井灾害基础知识

矿井的主要灾害有矿井火灾、水灾、瓦斯事故、运输事故和顶板事故。

1. 矿井火灾

矿井火灾按引起的热源不同分内因火灾和外因火灾两类。

（1）内因火灾——煤自燃。有自燃倾向的煤在常温下吸附空气中的氧，在表面上生成不稳定的氧化物。煤开始氧化时发热量少，能及时散发，煤温并不增加，但化学活性增大，煤的着火温度稍有降低，这一阶段为自燃潜伏期。随后，煤的氧化速度加快，不稳定的氧化物先后分解成水、CO 和 CO_2，氧化发热量增大，当热量不能充分散发时，煤温逐渐升高，这一阶段称为自热期。煤温继续升高，超过临界温度（通常为 80 ℃左右），氧化速度剧增，煤温猛升，达到着火温度即开始燃烧。

（2）外因火灾。一切产生高温或明火的器材设备，如果使用或管理不当，可点燃易燃物，造成火灾。在中、小型煤矿中，各种明火和爆破工作常是外因火灾的起因。随着机械化程度提高，机电设备火灾的比例逐渐增加。

2. 矿井水灾

矿井在建设和生产过程中，地面水和地下水通过各种通道涌入矿井，当矿井涌水超过正常排水能力时，就造成矿井水灾。矿井水灾（通常称为透水），是煤矿常见的主要灾害之一。一旦发生透水，不但影响矿井正常生产，而且有时还会造成人员伤亡，淹没矿井和采区，危害十分严重。所以做好矿井防治水工作，是保证矿井安全生产的重要手段之一。

矿井附近有江河、湖泊、池塘、水库、沟渠等水体时，或在季节性降水时期，水位暴涨，超过矿井井口标高而涌入井下，或由裂隙、断层或塌陷区渗入井下等情况均可造成水灾。

3. 矿井瓦斯事故

矿井瓦斯事故主要有两类，一类是瓦斯爆炸，另一类是瓦斯突出。

（1）瓦斯爆炸。矿井瓦斯爆炸是一种热—链式反应（也叫链锁反应）。当爆炸混合物吸收一定能量（通常是引火源给予的热能）后，反应分子的分子链即行断裂，离解成两个或两个以上的游离基（也叫自由基）。这类游离基具有很大的化学活性，成为反应连续进行的活化中心。在适合的条件下，每一个游离基又可以进一步分解，再产生两个或两个以上的游离基。这样循环不已，游离基越来越多，化学反应速度也越来越快，最后就可以发展为燃烧或爆炸式的氧化反应。所以，瓦斯爆炸就其本质来说，是一定浓度的甲烷和空气中的氧气在一定温度作用下产生的激烈氧化反应。

瓦斯爆炸产生的高温高压，促使爆源附近的气体以极大的速度向外冲击，造成人员伤亡，破坏巷道和器材设施，扬起大量煤尘并使之参与爆炸，产生更大的破坏力。另外，爆炸后生成大量的有害气体，造成人员中毒死亡。

（2）瓦斯突出。瓦斯突出是指随着煤矿开采深度的增加、瓦斯含量的增加，在地应力和瓦斯释放的引力作用下，软弱煤层突破抵抗线，瞬间释放大量瓦斯和煤而造成的一种地质灾害。煤矿开采深度越深，瓦斯瞬间释放的能量也会越大。煤与瓦斯突出主要发生在煤层平巷掘进、上山掘进和石门揭煤时，有的矿井在回采工作面也发生煤与瓦斯突出。瓦斯突出和瓦斯爆炸是两个概念，但灾害都来自于瓦斯。瓦斯突出是一种地质灾害，在大量的有害气体瞬间涌入后，会形成窒息，但不一定会发生爆炸事故。但如果达到三个条件后，会引发爆炸事故，一是空气中氧气含量达到12%以上，二是瓦斯浓度达到5%～16%，三是遇到明火，点火温度达到650 ℃以上。

4. 矿井运输事故

矿井运输是煤矿安全生产的重要环节。由于矿井运输具有工作范围广、战线长、设备设施流动性大、涉及人员多等客观因素，矿井运输事故在煤矿各类事故中一直占有很大的比例。

5. 矿井顶板事故

在采矿生产活动中，顶板事故是最常见的事故，引发顶板事故的原因有以下方面：

（1）采矿方法不合理和顶板管理不善。采矿方法不合理，采掘顺序、凿岩爆破、支架放顶等作业不妥当，是导致这类事故发生的重要原因。

（2）缺乏有效支护。支护方式不当、不及时支护或缺少支架、支架的初撑力与顶板压力不相适应是造成此类事故的另一重要原因。

（3）检查不周和疏忽大意。在顶板事故中，很多事故都是由于事先缺乏认真、全面的检查，疏忽大意，没有认真执行“敲帮问顶”制度等原因造成的。

（4）地质条件不好。断层、褶曲等地质构造形成破碎带，或者由于节理、层理发育，破坏了顶板的稳定性，容易发生顶板事故。

（5）地压活动。地压活动也是顶板事故的一个重要原因。

（6）其他原因。不遵守操作规程、发现问题不及时处理、工作面作业循环不正规、爆破崩倒支架等都容易引起顶板事故。

四、自救与互救知识

所谓“自救”，就是矿井发生意外灾变事故时，在灾区或受灾变影响区域的每个工作人员避灾和保护自己而采取的措施及方法；而“互救”则是在有效自救的前提下为了妥善地救护他人而采取的措施及方法。自救和互救的成效如何，决定于自救和互救方法的正确性。

第五节 法 律 知 识

一、《安全生产法》

2021 年修订的《安全生产法》是安全生产的一般法，在中华人民共和国领域内从事生产经营的所有单位都要遵守。《安全生产法》规定了生产经营单位的安全生产保障、从业人员的权利和义务、安全生产的监督管理、生产安全事故的应急救援与调查处理、法律责任等内容。

1. 安全生产法立法目的

为了加强安全生产工作，防止和减少生产安全事故，保障人民群众生命和财产安全，促进经济社会持续健康发展。

2. 从业人员的权利和义务

《安全生产法》明确了从业人员的权利和义务。其中权利包括如下 8 种：知情权，即有权了解其作业场所和工作岗位存在的危险因素、防范措施和事故应急措施；建议权，即有权对本单位的安全生产工作提出建议；批评权和检举、控告权，即有权对本单位安全生产管理工作中存在的问题提出批评、检举、控告；拒绝权，即有权拒绝违章作业指挥和强令冒险作业；紧急避险权，即发现直接危及人身安全的紧急情况时，有权停止作业或者在采取可能的应急措施后撤离作业场所；依法向本单位提出要求赔偿的权利；获得符合国家标准或者行业标准劳动防护用品的权利；获得安全生产教育和培训的权利。

从业人员的义务为以下三种：自律遵规的义务，即从业人员在作业过程中，应当遵守本单位的安全生产规章制度和操作规程，服从管理，正确佩戴和使用劳动防护用品；自觉学习安全生产知识的义务，要求掌握本职工作所需的安全生产知识，提高安全生产技能，增强事故预防和应急处理能力；危险报告义务，即发现事故隐患或者其他不安全因素时，应当立即向现场安全生产管理人员或者本单位负责人报告。

3. 生产经营单位的安全生产义务

安全生产要作为市场准入的必备条件，达不到标准就不能开业。企业内部要有安全管理机构，《安全生产法》规定，矿山、金属冶炼、建筑施工、运输单位和危险物品的生产、经营、储存、装卸单位，不论企业大小，必须有安全生产管理机构或配备专职安全生产管理人员。其他生产经营单位，100 人以上的企业必须有安全生产管理机构或配备专职安全生产管理人员；100 人以下的，必须有专职或兼职的安全生产管理人员。同时，要注意人员素质的提高。经营管理人员要考试合格取得资质证，没有资质就不能当矿长、厂长、经理。特殊工种，如电工、瓦检员等也要有当地安监部门颁发的资质证件。企业的其他人员也要进行培训，考核合格后方可上岗。

二、《煤炭法》

为了合理开发利用和保护煤炭资源，规范煤炭生产、经营活动，促进和保障煤炭行业的发展，我国于 1996 年 8 月 29 日通过了《煤炭法》，自 1996 年 12 月 1 日起实施，2016 年 11 月 7 日第四次修订。

1.《煤炭法》主要内容

《煤炭法》总则中规定了煤矿企业必须坚持“安全第一、预防为主”的安全生产方针，建立健全安全生产责任制度和群防群治制度，明确了“国家对煤矿井下作业的职工采取特殊保护措施”。此外，《煤炭法》还规定了各级人民政府及其有关部门和煤矿企业“必须采取措施加强劳动保护，保障煤矿职工的安全和健康”。

2. 开办煤矿企业的条件和程序

开办煤矿企业的条件包括：有煤矿建设项目可行性研究报告或者开采方案；有计划开采的矿区范围、开采范围和资源综合利用方案；有开采所需的地质、测量、水文资料和其他资料；有符合煤矿安全生产和环境保护要求的矿山设计；有合理的煤矿矿井生产规模和与其相适应的资金、设备和技术人员；有法律、行政法规规定的其他条件。

3. 煤炭生产和煤矿安全

1）煤炭开采绝对禁止的行为

煤炭生产应当依法在批准的开采范围内进行，不得超越批准的开采范围越界、越层开采；采矿作业不得擅自开采保安煤柱；不得采用可能危及相邻煤矿生产安全的决水、爆破、贯通巷道等危险方法。

2）煤矿安全生产管理制度

煤矿安全生产管理制度包括局长和矿长安全生产责任制、安全教育与安全培训、劳动保护用品和安全器材装备以及井下作业职工的意外伤害保险制度等内容。

4. 煤矿矿区保护

煤矿矿区保护涉及对矿区电力、通讯、水源、交通及其他生产设施的保护，维护正常的矿区生产秩序和工作秩序。

三、《煤矿安全监察条例》

1999 年 12 月 30 日，国务院下发《国务院办公厅关于印发煤矿安全监察管理体制改革实施方案的通知》（国办发〔1999〕104 号），决定设立国家煤矿安全监察局，建立煤矿安全监察体制。2000 年 11 月 7 日颁布《煤矿安全监察条例》，自 2000 年 12 月 1 日施行。该条例确立了煤矿安全监察机构及煤矿安全监察人员的地位。煤矿安全监察机构依法行使职权，不受任何机构和个人的非法干涉，煤矿及其他有关人员必须接受并配合煤矿安全监察机构依法实施安全监察，不得拒绝、阻挠。

（一）煤矿安全监察的工作方式

煤矿安全监察对涉及煤矿安全的煤矿生产建设过程进行全面的监察工作。在监察中，必须考虑到行业的特殊性、环境与生产条件的多变性、工作地点的移动性、作业情况的不一致性以及安全状况的各异性，选择不同的安全监察工作方式，以达到监察工作的目的。对煤矿安全监察而言，较多采用以下几种工作方式。

1. 视时监察

视时监察就是在某些时间、某些季节加强的监察工作。

（1）根据经验，每年的 6 月、7 月、8 月，天气炎热，昼长夜短，又是农忙季节，影响安全生产，是事故的多发性季节，必须加强监察。

（2）根据人体生物节律，每天凌晨 3:00～5:00，是事故多发性时间，应加强监察。

（3）国内外大量事实证明，根据人体生物节律理论，某个人某段时期的体力、情绪和智力是以 23 d、28 d、33 d 为周期变化的，有高潮期、低潮期和临界期（又叫危险期）。处在临界期时，可视为事故多发时间，应该加强监察，提醒人们注意安全生产。

（4）事实证明，佳节前后、突击完成生产任务期间是事故多发时间，应该加强安全监察力度。

综上可知，针对事故多发性季节和时间，在具体分析的基础上，采取相应措施，加强安全监察工作，是减少事故，保障安全生产的重要监察方式之一。

2. 重点监察

是对监察的不同场所和人员有所侧重，其关键问题是依据实际情况正确地确定监察重点。这就要求监察人员必须熟悉生产现场和作业人员，并及时地分析掌握生产现场和人员的安全生产动态。例如，对有煤与瓦斯突出煤层的开采，其监察重点是开采第一分层，石门揭开煤层，突出的预测预报、防突措施的落实等。

当安全监察重点确定之后，可从以下几个方面采取措施加强重点场所的监察工作：

（1）严格审查作业规程和安全措施并监督实施。

（2）选派有经验和有一定专业水平的安全监察人员到重点场所实施监察。

（3）增加对重点场所的监察次数。

（4）采取有力的监察手段。

3. 一般监察

一般监察是在日常情况下进行的监察工作，这种监察具有随机性，亦称常规监察。

4. 特殊监察

特殊监察是指对特殊情况、特定的煤矿企业以及特殊内容所进行的监察工作。所谓特殊情况，多指事故征兆明显而又不能确认是否立即发生时，安全监察人员应耐心细致地进一步观察，并同施工人员一道采取相应的预防措施。当预防措施无效时，应指令停止作业，撤除人员，通报有关人员作出决策处理。特殊监察指对特定煤矿企业的安全条件和安全行为进行检查；特殊监察亦指对特殊内容的检查，如检查特种作业人员的上岗证，检查安全用品仓库等。

根据安全监察工作的进行方式，安全监察又分为实地检查和书面检查两种方式。

（1）实地检查。实地检查指煤矿安全监察人员直接到煤矿生产的现场进行安全检查。由于煤矿作业的特殊性，这是一种经常采用和更为有效的监察方式。

以矿井通风系统现场安全监察为例，现场监察程序为：①熟悉通风系统；②检查进风井筒、大巷；③检查采区；④检查硐室；⑤检查采掘工作面；⑥检查回风大巷、回风井筒；⑦检查主要通风机；⑧检查通风管理；⑨整体评价，处理决定。

（2）书面检查。书面检查是通过检查书面材料对煤矿企业安全措施的落实情况进行检查，如检查矿长安全责任制的落实情况，检查职工安全教育培训情况等。

（二）煤矿安全监察工作方法

1. 安全监察工作四步法

（1）通过“观看”和“查找”方法捕捉信息。①“观看”就是看设计文件、作业规程、安全措施等。②“查找”就是要查找不安全因素、事故隐患、事故征兆等。在监察职权范围内，要求既要观看又要查找，观看要仔细全面，查找要认真彻底。“查找”方法有两种，即凭专业技能检查和利用检测仪器探测。

（2）通过分析、判断和检验方法甄别信息。既可依靠经验、技能来分析、判断并做出结论，又可通过分析、判断并结合仪器检验作出结论。

（3）通过相应决定来处理信息。有了判断，就要及时做出处理决定，从而完成安全监察的过程。这一过程要及时、正确。

（4）通过复查整改落实情况，获得监察效果反馈信息。

以上为安全监察工作四步法，也就是安全监察工作发现问题、分析问题、落实效果的过程。对这一过程总的要求是捕捉信息要真实，甄别信息要准确，信息处理要及时、正确，监察效果反馈速度要快。

2. 监督与服务结合的方法

从国内外的安全监察实践看，要把监督和帮助服务结合起来，也就是“监中有帮、帮中有监”，才会受到企业的欢迎，尽快解决生产过程中的不安全问题，进一步搞好安全监察工作。

对监督和服务相结合的方法有以下要求。

（1）经常深入现场，熟悉现场的生产系统、工艺过程、机械设备情况、劳动组织、作业方式和方法等，分析现场的危险因素，掌握第一手资料。

（2）学习安全法规、管理知识和灾害防治技能，遇事能拿出解决问题的办法和措施。

（3）积极协助企业搞好安全教育和安全技术培训，使广大职工树立“安全第一”的思想，提高他们的安全意识和安全技术水平。

（4）及时收集、宣传推广安全生产经验，协助企业搞好全面安全管理。

（5）督促企业推广采用安全生产新技术、新工艺和新设备。

3. 重预防、抓教育的方法

捕捉、甄别和处理安全隐患是安全监察工作的一个方面，防止和减少安全隐患是安全监察工作的另一个方面。因此，重预防、抓教育，是搞好安全监察工作的重要方法。

四、《劳动合同法》

2007 年 6 月 29 日通过的《劳动合同法》，于 2008 年 1 月 1 日开始实施，2012 年 12 月 28 日修正。

1. 关于劳动合同的订立、内容和期限

（1）要求订立书面劳动合同。劳动合同法明确规定：建立劳动关系，应当订立书面劳动合同；已建立劳动关系，未同时订立书面劳动合同的，应当自用工之日起一个月内订立书面劳动合同。这里有一个例外情况，即非全日制用工，比如家里用钟点工，也可以用口头劳动合同的形式。

（2）订立劳动合同的原则。劳动合同法规定：订立劳动合同，应当遵循合法、公平、平等自愿、协商一致、诚实信用的原则。劳动合同由用人单位与劳动者遵循上述原则订立，并经用人单位与劳动者在劳动合同文本上签字或者盖章生效。用人单位与劳动者协商一致，可以变更、解除劳动合同。劳动合同对劳动报酬和劳动条件等标准约定不明确，引发争议的，用人单位与劳动者可以重新协商。

（3）劳动合同的内容。劳动合同法规定劳动合同中与劳动者切身利益直接有关的必备内容主要是劳动合同期限，工作内容和工作地点，工作时间和休息休假，劳动报酬，社会保险，劳动保护、劳动条件和职业危害防护。劳动合同除应具备法律规定的必备条款外，用人单位与劳动者可以约定试用期、培训、保守秘密、补充保险和福利待遇以及服务期和竞业限制等其他事项。

（4）劳动合同的三种不同期限。劳动合同法规定：劳动合同分为固定期限劳动合同、无固定期限劳动合同和以完成一定工作任务为期限的劳动合同。固定期限劳动合同，是指用人单位与劳动者约定合同终止时间的劳动合同。比如一年、两年、三年，期限是明确的。无固定期限劳动合同，是指用人单位与劳动者约定无确定终止时间的劳动合同。什么时候合同到期没有明确。以完成一定工作任务为期限的劳动合同，是指用人单位与劳动者约定以某项工作的完成为合同期限的劳动合同。这种合同在工程建设里比较多，一开始请你来，这个工程结束，合同就结束了。

（5）劳动合同的无效。劳动合同法规定下列劳动合同无效或者部分无效：以欺诈、胁迫的手段或者乘人之危，使对方在违背真实意思的情况下订立或者变更劳动合同的；用人单位免除自己的法定责任、排除劳动者权利的；违反法律、行政法规强制性规定的。劳动合同部分无效，不影响其他部分效力的，其他部分仍然有效。劳动合同被确认无效，劳动者已付出劳动的，用人单位应当向劳动者支付劳动报酬。劳动报酬的数额，参照本单位相同或者相近岗位劳动者的劳动报酬确定。

2. 关于劳动者的权利和义务

（1）权利。劳动者享有平等就业和选择职业的权利、取得劳动报酬的权利、休息休假的权利、获得劳动安全卫生保护的权利、接受职业技能培训的权利、享受社会保险和福利的权利、提请劳动争议处理的权利以及法律规定的其他劳动权利。

（2）义务。权利和义务是统一的。劳动者在行使法定权利的同时，也应履行法定义务。劳动者应当完成劳动任务，提高职业技能，执行劳动安全卫生规程，遵守劳动纪律和职业道德。

3. 关于用人单位的权利和义务

1）用人单位享有权利

用人单位享有依法约定试用期和服务期的权利。试用期是用人单位通过约定一定时间的试用来检验劳动者是否符合本单位特定工作岗位工作要求的制度。这对双方互相了解、双向选择，具有积极意义。在国际上，这也是劳动合同制度的普遍做法，试用期的长短根据工作岗位的需要不同，有长有短。

劳动合同法规定：用人单位为劳动者提供专项培训费用，对其进行专业技术培训的，可以与该劳动者订立协议，约定服务期。劳动者违反服务期约定的，应当按照约定向用人单位支付违约金。违约金的数额不得超过用人单位提供的培训费用。

依法约定竞业限制的权利。竞业限制是在劳动关系结束后，要求劳动者（主要是高级管理人员和高级技术人员）在法定时间内继续保守原用人单位的商业秘密和与知识产权相关的保密事项。劳动合同法规定：用人单位与劳动者可以在劳动合同中约定保守用人单位的商业秘密和与知识产权相关的保密事项。

依法解除劳动合同的权利。劳动合同法在赋予劳动者依法解除劳动合同的权利的同时，也赋予用人单位依法解除劳动合同的权利。用人单位在以下情形，可以解除劳动合同：与劳动者协商一致，可以解除劳动合同；劳动者有违法、违纪、违规行为的，可以解除劳动合同；用人单位可以依法进行经济性裁员；劳动者不能从事或者胜任工作的，或者劳动合同订立时依据的客观情况发生重大变化，致使劳动合同无法履行的，用人单位提前30日以书面形式通知劳动者本人或者额外支付劳动者一个月工资后，可以解除劳动合同。

2）用人单位的主要义务

尊重劳动者的知情权。劳动合同法规定：用人单位招用劳动者时，应当如实告知劳动者工作内容、工作条件、工作地点、职业危害、安全生产状况、劳动报酬，以及劳动者要求了解的其他情况。

在招用劳动者时不得扣押劳动者的证件和收取财物。

劳动合同解除或者终止后对劳动者的义务。在解除或者终止劳动合同后，劳动关系就不存在了。为了便于劳动者尽快重新找到工作，用人单位应当为劳动者出具解除或者终止劳动合同的证明，并在15日内为劳动者办理档案和社会保险关系转移手续。用人单位对已经解除或者终止的劳动合同的文本，至少保存二年备查。

4. 工会的作用

工会是职工自愿结合的工人阶级的群众性组织。维护职工合法权益是工会的基本职责。

在劳动合同法中工会主要作用：

（1）帮助、指导劳动者与用人单位订立和履行劳动合同，帮助、指导劳动者与用人单位订立和履行劳动合同，是工会一项具体的职责。目前，劳动合同的签订率不高，大量的劳动合同采取的是口头形式，有的根本就没有劳动合同，发生劳动争议，处理起来没有依据，造成一些案件久拖不决，劳动者的合法权益无从保护。因此，更需要工会发挥作用，由工会帮助、指导职工签订劳动合同，有利于劳动法、劳动合同法等法律的宣传和贯彻执行，有利于使签订的劳动合同更加符合法律、法规的规定，有利于劳动者和用人单位双方利益的平等，有利于减少劳动争议的发生。需要注意，这里的工会包括各级总工会和基层工会组织。

（2）与用人单位建立集体协商机制，集体协商机制是工会作为职工方代表与企业方就涉及职工权利的事项，为达到一致意见而建立的沟通和协商解决机制。建立集体协商机制，维护用人单位职工具体的权利。企业工会与用人单位建立集体协商机制，定期或不定期地进行平等协商，经协商达成一致意见的，工会一方应当向职工传达，要求职工遵守执行；企业方也应当按照协商结果执行。

5. 劳动行政部门的法定职责

劳动行政部门对劳动合同制度实施负有监督管理的职责。

监督检查的责任。县级以上地方人民政府劳动行政部门依法对下列实施劳动合同制度的情况进行监督检查：涉及劳动者切身利益的规章制度及其执行的情况；订立和解除劳动合同的情况；劳务派遣单位和用工单位遵守劳务派遣有关规定的情况；遵守国家关于劳动者工作时间和休息休假规定的情况；支付劳动合同约定的劳动报酬和执行最低工资标准的情况；参加各项社会保险和缴纳社会保险费的情况；法律、法规规定的其他劳动监察事项。

第二部分
巷道掘砌工初级技能

第三章
施工前的准备

第一节　相关基本知识

一、入井须知

1. 入井前一定要休息好，吃饱、睡足

如果休息不好，在井下工作时，会感到体力不足，精神不振，很容易发生事故。

2. 入井之前绝对不能喝酒

喝了酒的人，往往会神志昏沉，精神不集中，工作中容易出现差错。《煤矿安全规程》第十三条规定：“入井（场）前严禁饮酒。”

3. 入井前要穿戴整齐

（1）工作服和鞋袜穿着要整齐利落，不可袒胸露臂，也不要把衣服披在肩上，任其飘摇，否则容易被转动的机器咬住而发生意外。如果在工作地点有淋水洒水降尘工作，还要穿上雨衣。最好在脖子上围条毛巾，既可擦汗，又能避免煤渣子掉落到衣服里面去。当有灾害发生，产生有毒有害气体时，还可以打湿捂住口鼻逃生，受伤出血时还可以包扎止血。

（2）不得穿化纤衣服，以免摩擦产生静电，引起电火灾或火工品、瓦斯、煤尘爆炸事故。

（3）入井人员必须随身携带自救器。自救器是在井下发生瓦斯、煤尘爆炸、火灾或发生煤与瓦斯突出等重大灾害事故时，防止有害气体，特别是一氧化碳中毒或窒息的保护器具。自救器必须于下班后立即交回，以便检查和维修。入井前领到自救器以后，要首先检查自救器盒是否损坏，锁封装置是否完好，发现问题要立即更换。人人都要爱护自救器，不准用自救器敲打物品，也不准在井下坐自救器。

（4）下井前要领取矿灯，不戴矿灯者不准下井。《煤矿安全规程》第十三条规定入井人员必须随身携带矿灯。领取矿灯后，一定要认真检查以下方面：

① 有无裂伤，灯圈是否松动，灯头玻璃有无破裂。

② 电池盒有无破裂或漏液。

③ 灯线是否破损，灯线、灯头与灯盒的连接是否牢固。

④ 灯锁是否锁好，有无松动。

⑤ 灯头上的开关是否完好、可靠。

⑥ 灯头亮度是否足够。

检查后，若发现有上述任何一种不正常现象，都要交回灯房重新更换。否则，损坏了的矿灯在井下不但起不到照明作用，还影响走路和工作，甚至还会产生火花引起火工品、瓦斯、煤尘爆炸事故。

领取矿灯并经检查无误后，要随身佩戴好，不要提在手里。下班上井后，必须马上把矿灯交回矿灯房，以便矿灯房对交回的矿灯及时检查、维修、充电。任何人不得将矿灯带回宿舍或锁在自己的更衣箱内不交回矿灯房。

（5）入井人员一定要戴安全帽。煤矿井下巷道狭窄，照明不足，支护林立，设备繁多，不戴安全帽很容易刮、碰、砸伤脑袋，造成人身事故。因此，《煤矿安全规程》第十三条规定："入井（场）人员必须戴安全帽等个体防护用品。"

（6）带好当班用的工具、材料和维修用的零配件等。工作中要用的小工具，入井前都要检查一遍，是否带全，不要忘在井上，以免影响工作。锋利的工具还要套上护套，以防伤人。

4. 不准带香烟和点火工具下井

入井前在更换工作服时，要把自己随身带的香烟、火柴、打火机或其他引火物品取出来。因为井下吸烟、点火会引起瓦斯、煤尘爆炸和井下火灾，严重时，则造成矿毁人亡的重大事故。为此，《煤矿安全规程》第十三条规定："入井人员严禁携带烟草和点火物品。"

5. 按时上班，下井刷卡

下井刷卡是为了方便单位确切掌握实际出勤人数。严禁代刷卡或人卡不符。

6. 参加班前会

班前会一般对职工进行形势与任务教育，及时传达上级指令、文件、规定；总结交流安全生产、质量的完成情况；对当班的安全生产任务进行具体部署、分工落实；进行事故案例分析教育、遵章守纪教育，以及贯彻在作业中必须采取的安全措施等。因此，要求当班的职工必须按时参加班前会，不得散漫，要自觉守纪。尤其要服从工作安排，明确工作地点、任务和安全注意事项，并要认真思考工作地点有哪些不安全因素，怎样做才能保证安全生产。

7. 入井人员要自觉遵守《入井检身制度》

所有入井人员要听从指挥，排队入井，接受检身。

二、自救器使用方法

《煤矿安全规程》规定，入井人员必须随身携带额定防护时间不低于30 min的隔离式自救器。这种自救器是用于煤矿采掘作业中发生瓦斯爆炸、火灾等自然灾害时，作为工人逃生自救仪器。其靠化学生氧装置产生氧气，使用不受外界限制，即使氧气含量降低到不足以维持人正常呼吸时也能使用。

自救器的使用方法如下：

（1）佩戴时，用腰带穿入自救器腰带内壳卡与腰带外壳卡之间，固定在背部右侧腰间。

自救器使用

（2）开启扳手：使用时先将自救器沿腰带转到右侧腹前，左手托底，右手下拉护罩胶片，使护罩挂钩脱离壳体后扔掉，用右手掰开锁口带扳手至封印条断开，然后丢掉锁口带。

（3）去掉上外壳：左手抓住下外壳，右手将上外壳用力拔下扔掉。

（4）将挎带组套在脖子上。

（5）用力提起口具，靠拴在口具与启动环间的尼龙绳的张力将启动计拉出，立即拔出口具塞并将口具放入口中，口具片置于唇齿之间，牙齿紧紧咬住牙垫，紧闭嘴唇。

（6）闭上嘴唇向自救器呼气进行呼吸。

（7）夹好鼻夹。

（8）调整挎带，去掉外壳。

（9）系好腰带。

（10）退出灾区。

第二节 读 图

一、巷道断面形状

我国煤矿巷道常用的断面形状是梯形和直墙拱形（如半圆拱形、圆弧拱形、三心拱形统称拱形），其次是矩形。只有在某些特定的岩层或地压情况下，才选用不规则形（如半梯形）、封闭拱形、椭圆形和圆形。几种断面形状如图 3－1 所示。

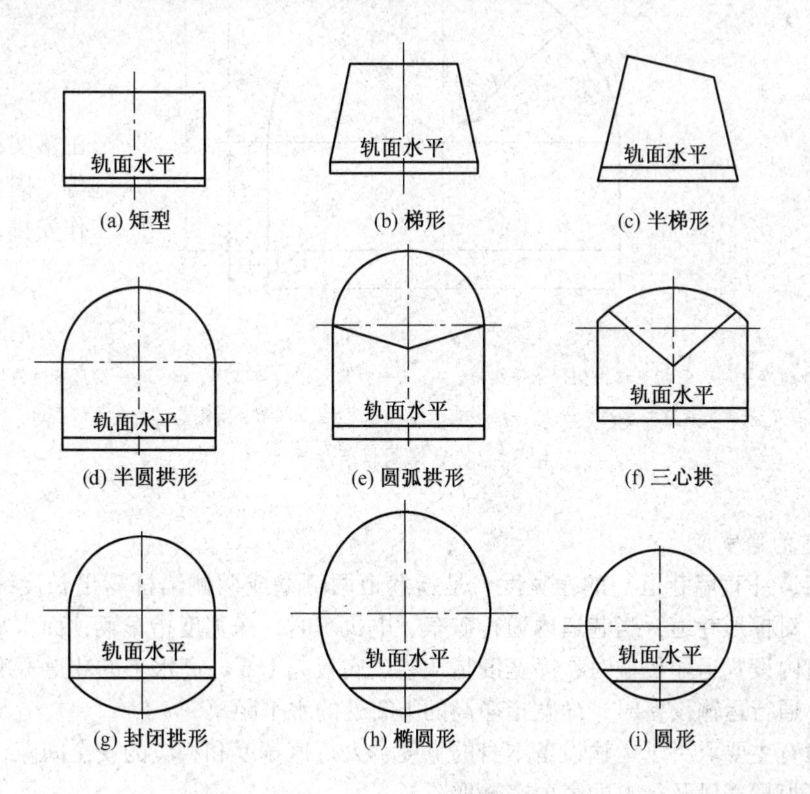

图 3－1 巷道断面形状

矩形断面利用率高，承载能力低，一般用于顶压、侧压都小，服务年限短的巷道，如侧压大，两帮支架将发生移动或破坏。梯形的断面利用率较拱形高，但承压性能较拱形差，常用于服务年限不长、断面较小或围岩稳定、地压不大的巷道。拱形断面则常用于服务年限长或围岩不稳定、地压大的巷道。在特别松软或膨胀性大的岩层中开掘巷道，当顶压、侧压都很大时，可采用曲拱形；底膨严重时，可用带底拱的封闭拱形；四周压力都很大且不均匀时，可采用椭圆形；四周压力均匀时，可采用圆形。沿煤层掘进巷道时，为了不破坏顶板，常根据煤层赋存情况，将巷道开掘成各种不规则形。

巷道断面形状往往取决于矿区特有的支架材料和习惯采用的支护方式。木棚子和钢筋混凝土棚子适用于梯形和矩形等断面；料石和混凝土砌碹适用于拱形、圆形等曲线形断面；而金属支架、锚杆支护适用于任何形状断面。

二、巷道断面尺寸

巷道断面尺寸主要依据用途来决定，并用所需通过风量来校正，以人员通过方便为原则。《煤矿安全规程》第九十条规定：巷道净断面必须满足行人、运输、通风和安全设施及设备安装、检修、施工的需要。

巷道开掘出后不加支护的断面称为荒（毛）断面，支护后的断面称为净断面。巷道断面尺寸主要考虑巷道的净高和净宽。直墙圆拱断面尺寸标注如图 3－2 所示。

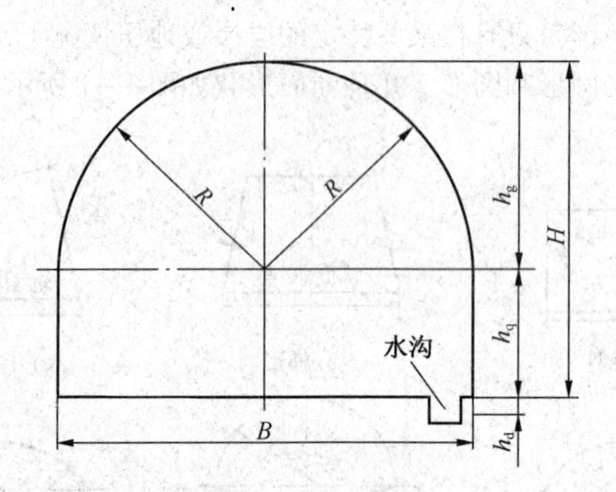

B—拱形巷道净宽度，系指直墙内侧的水平距离，m；H—拱形巷道的净高度，m；h_g—拱形巷道的拱高，m；h_q—拱形巷道的墙高，m；h_d—拱形巷道的基础深度，m；R—拱形巷道拱的半径，m

图 3－2　直墙圆拱断面尺寸

1. 巷道的净宽度

矩形巷道（直墙巷道）的净宽度，是指巷道两侧壁或两侧锚杆露出长度终端之间的水平间距。对梯形巷道，当巷道内通行矿车、电机车时，净宽度指车辆顶面水平的巷道宽度。当巷道内设置运输机械时，净宽度指从巷道底板起 1.6 m 高水平的巷道宽度；当巷道不放置和不通行运输设备时，净宽指净高的 1/2 处的水平距离。

巷道净宽主要取决于运输设备本身的宽度、人行道宽度和相应的安全间隙，无运输设备的巷道可根据通风及行人的需要来选取。

巷道内人行道的宽度和相应的安全间隙在《煤矿安全规程》内都有明确的规定：

（1）新建矿井、生产矿井新掘运输巷的一侧，从巷道道碴面起 1.6 m 的高度内，必须留有 0.8 m（综合机械化采煤及无轨胶轮与运输的矿井为 1 m）以上的人行道，管线吊挂高度不得低于 1.8 m。

（2）在生产矿井已有巷道中，人行道的宽度不符合上述要求时，必须在巷道的一侧设置躲避硐。两个躲避硐之间的距离不得超过 40 m。躲避硐宽度不得小于 1.2 m，深度不得小于 0.7 m，高度不得小于 1.8 m。躲避硐内严禁堆积物料。

（3）在人车停车地点的巷道上下人侧，从巷道道碴面起 1.6 m 的高度内，必须留有宽 1 m 以上的人行道，管道吊挂高度不得低于 1.8 m。

2. 巷道的净高度

矩形、梯形巷道的净高度是指自道砟面或底板至顶梁或顶部喷层面、锚杆露出长度终端的高度。拱形断面的净高是指自道碴面至拱顶内沿或锚杆露出长度终端的高度，由壁高和拱高组成，半圆拱的拱高为巷道净宽的一半，圆弧拱及三心拱的拱高常取巷道净宽的 1/3。

《煤矿安全规程》规定：采用轨道机车运输的巷道净高，自轨面起不得低于 2 m。架线电机车运输巷道的净高，在井底车场内、从井底到乘车场，不小于 2.4 m；其他地点，行人的不小于 2.2 m，不行人的不小于 2.1 m。采（盘）区内的上山、下山和平巷的净高不得低于 2 m，薄煤层内不得低于 1.8 m。

三、水沟及管线布置

水沟通常布置在人行道一侧，并尽量少穿越运输线路，只有在特殊情况下，才将水沟布置在巷道中间或非人行道一侧。

平巷水沟坡度可取 3‰～5‰，或与巷道的坡度相同，但不应小于 3‰，以利水流畅通。

运输大巷的水沟可用混凝土浇筑，也可用钢筋混凝土预制成构件，然后送到井下铺设。采区中间巷道的水沟，可根据巷道底板性质、服务年限长短、排水量大小和运输条件等因素，考虑是否需要支护。回采巷道的服务年限短、排量小，故其水沟不用支护。棚式支架巷道水沟一侧的边缘距棚腿应不小于 300 mm。

为了行人方便，主要运输大巷和倾角小于 15°的斜巷的水沟，应铺放钢筋混凝土预制盖板，盖板顶面要与道碴面齐平。只有在无运输设备的巷道或倾角大于 15°的斜巷以及采区中间巷道和平巷中，可不设盖板。

四、管线布置

管线布置原则，主要是保证安全和便于检修，其要点如下：

电力电缆与管道应布置在巷道的不同侧。在梯形巷道内，电力电缆布置在人行道一侧的棚腿上部；管道则布置在另一侧下部，细管在上、粗管在下，与道碴面保持 150 mm 距离，以利安装和检修，而且任何管道与运行车辆的距离都不得小于 200 mm。在拱形巷道内，管道布置在人行道一侧，且下部与道碴面或水沟盖板面保持 1.8 m 和 1.8 m 以上的距离，电力电缆布置在另一侧，距底板不得小于 1 m，与运行车辆的间距不得小于 250 mm，力求布置在车辆高度之上。

电话和信号电缆布置在电力电缆的另一侧，若不得不布置在同一侧时，则应在电力电缆上方 100 mm 以外。当电缆与管道同侧布置时，也应将电缆布置在管道之上不小于 300 mm 的地方。

第三节 施 工 方 法

一、岩巷施工方法

煤矿巷道施工一般有两种方法，一种是一次成巷，另一种是分次成巷。一次成巷，是把巷道施工中的掘进、支护、水沟等分部工程视为一个整体，在一定距离内，按设计及质量标准要求，互相配合，最大限度地前后连贯同时施工，一次做成巷道，不留收尾工程。而分次成巷施工方式是先以小断面掘进，过一定时间后再刷大，并进行永久支护。

《矿山井巷工程施工及验收规范》规定，巷道和硐室施工应编制作业规程，必须一次成巷。在实际施工中，只有急需贯通的通风巷道或者长距离贯通的巷道，为了防止测量的误差，短距离地采用小断面贯通。

一次成巷有三种掘支作业方式可供选择。即掘支平行作业、单行作业和交替作业。

掘支平行作业是永久支护在掘进工作面之后一定距离处与掘进同时进行。当采用锚喷支护时，锚杆紧跟掘进工作面安装，喷射混凝土可在工作面一定距离处进行，如顶板不太稳定时，可在爆破后立即喷一层 30 ~ 50 mm 的混凝土封顶，然后再打锚杆，最后喷射到设计的厚度。这种作业方式的特点是掘支主要工序互不干扰，操作方便，工人和掘支设备能合理的布置，能充分利用巷道空间同时投入较多的设备和人力，一般可获得较高的施工速度。

掘支单行作业是掘进与支护工作不同时进行，先将巷道掘进一段距离，然后停止掘进，再进行永久支护。当采用锚喷支护时，通常有两种方式，即两掘一锚喷（掘进两个班，锚喷一个班）或三掘一锚喷。这种作业的特点：掘支轮流进行，由一个掘进队来完成；工作面能及时支护，需要劳动力少。与平行作业比较施工速度较慢，但是可以节约临时支护工作。

掘进与支护交替作业指在两个或两个以上距离较近的巷道中，由一个施工队分别交替进行掘进、支护工作。即将一个掘进队分掘进、支护两个专业小组，当甲工作面掘进时，乙工作面进行支护；当甲工作面转为支护时，乙工作面同时转为掘进。掘、支轮流交替进行。实质上对于甲乙两工作面各为掘支单行作业，而人员交替轮换。这种作业方式，有利于提高工人的操作技术熟练程度，设备利用率高，掘支工序互不干扰，但是调配工作要求严，必须经常平衡两个或几个工作面的工作量。

岩巷施工中应注意的安全技术事项如下：

（1）根据巷道施工断面大小、支护结构和方法、穿过岩层的地质情况，以及施工队伍的技术水平和装备等正确地选择作业方式。

（2）严格执行正规循环作业图表和钻眼爆破说明书的规定。在炮眼布置、爆破方法、通风安全、凿岩操作、装岩运输和架设临时及永久支护时，应按各项操作规程操作，并执行其安全技术规定。

(3) 加强顶板管理工作，特别在采用掘进与支护单行作业时，对临时支架要每班检查，发现安全隐患时，要先修复再掘进，防止出现冒顶将人员堵在里面。

(4) 平行作业掘、支工作必须统一指挥，砌碹地点扩帮、挑顶或巷道复喷时，掘进工作面的人员也必须一同撤到安全地点。掘进工作面爆破时，砌碹工作面的人员必须一同撤到安全地点。

(5) 平行作业施工时，永久支护处的工作台必须搭设牢固，并且不影响运输设备通过。人员和车辆通过工作台时，要有专设的联络信号。

二、煤巷施工方法

沿煤层掘进的巷道，在掘进断面中煤层占4/5以上（包括4/5）的，称为煤巷。

煤巷掘进的施工方法有钻眼爆破法、风镐法、机械或水力掘进法。由于破碎煤比较容易，因此装煤的工作量相对占循环作业时间就较长。实现装煤机械化，不但能减轻工人劳动强度、提高生产率，而且可加快巷道掘进速度。由于煤巷受采动影响，地压大、维护困难、服务年限短，所以合理地选择支架形式也很重要。再者，煤层内多含有瓦斯、煤尘，在爆破器材和爆破方法上应慎重选择，以免引起瓦斯或煤尘事故。

在煤（岩）层中采用单巷掘进时，作业规程中必须有预防瓦斯、透水、冒顶、堵人等灾害的安全措施或锥形掏槽，布置在工作面中下部或掘进断面内较软的煤带内，顶眼眼口应距顶板0.4~0.6 m，以防止崩倒棚子或留不住顶板，造成冒顶。

(1) 在有瓦斯的煤层中，采用毫秒雷管实现全断面一次爆破时，其最后一段延期时间不得超过130 ms。

(2) 风镐破煤法常用在巷道顶板破碎，煤质松软，层理、节理发育或瓦斯浓度降不到允许爆破的情况下，应先掘巷道中部和下部，然后刷顶支护。

(3) 水力掘进是利用水的高压射流将煤破碎下来，并形成可以流动的水煤混合物，从工作面自流到总的溜煤槽，再流到水煤仓，然后用煤水泵排到地面。此法只有在水采矿井中使用，目前我国已为数不多。

(4) 使用半机械化、机械化装煤和联合掘进机掘进煤巷时突出的安全问题是煤尘较大，应切实搞好破煤、装煤和运煤过程中的综合防尘工作。

三、掘进巷道顶板管理

掘进工作面的顶板管理是搞好安全生产的重要环节。

（一）掘进工作面顶板管理的主要内容

(1) 掌握巷道开掘后围岩体的范围及围岩应力分布情况。这就需要了解与巷道围岩应力分布有关的因素：围岩的性质，巷道所处的深度，巷道周围地质构造、水文变化，巷道的横断面形状和尺寸等。了解围岩应力分布情况及在此应力作用下围岩的变形和位移，才能选择合适的支护材料、支护形式，达到维护巷道的目的。

(2) 从有利于巷道围岩的稳定性出发，合理选择巷道的施工方法，合理确定钻眼眼位、钻眼角度、钻眼深度、炮眼装药量和爆破等各工序的有关参数，减少对顶板管理的影响。

（3）按作业规程规定控制工作面空顶距离和临时支护巷道的长度，尽可能缩短工作面空顶时间和临时支护巷道的长度。

（4）施工中，做好基础资料的积累和隐蔽工程的记录工作。施工中和竣工时，按煤矿安全生产标准化的要求进行检查和验收。

（二）巷道掘进工作面施工期间日常顶板管理工作的内容

（1）敲帮问顶。上班进入工作面，钻眼爆破前均应敲帮问顶，处理隐患，排除不安全因素后再作业。

（2）控制工作面空顶距离。超过规定的空顶距应先支护后掘进；发现顶板破碎或变松软时应采用前探支架维护顶板。

（3）单孔长距离掘进，要经常检查工作面后方支架的情况，发现断梁折腿或变形严重的支架，应加固修复，修复巷道时，修复地点内的人员应全部撤出，以防冒顶堵人；工作面因爆破倒塌的棚子应由外向内逐架扶棚复位。

（4）熟悉掘进巷道出现冒顶事故的原因，加强日常检查，采用针对性措施，预防冒顶片帮事故的发生。

（三）顶板管理的针对性措施

1. 新掘巷道应制定开口安全措施的顶板管理措施内容

（1）开掘地点要选在顶板稳定、支护完好并且避开地质构造区、压力集中区、顶板冒落区。

（2）新掘巷道与原有巷道的方位要保持较大的夹角（最好大于45°）。

（3）必须加固好开掘处及其附近的巷道支护，若近处有空顶空帮情况，小范围的可加密支架，背好顶帮；大范围地应用木垛接顶处理，同样用背板背好打紧。对将受施工影响的棚子进行加固，其方法有挑棚、打点柱、设木垛等。

（4）新巷开掘施工，要“浅打眼，少装药，放小炮”，或用手镐挖掘的方法，尽量避免震动围岩或因爆破引起冒顶。

（5）新巷开掘处应及时进行支护，尽量缩短顶板暴露时间和减小暴露面积。若压力增大，则应及时采用适合现场情况的特殊支护。

2. 沿空掘巷顶板破碎时应采取的顶板管理措施

（1）避开动压影响。巷道施工必须在上区段回采工作待岩层活动完全稳定后再进行。

（2）尽量减小掘进时的空顶面积。爆破前支架紧跟到工作面，爆破后及时架设支架。要减少装药量，避免对顶板的振动。如果爆破难以控制和管理顶板，改用手镐方法掘进。

（3）巷道支架要加密，同时将下帮腿与底板的夹角由80°缩小为75°，将顶帮用木板等背严接实。

（4）擦边掘进时，如遇上区段巷道的棚腿外露时，其下帮棚腿不要抽掉，可以捆上木板或笆片，起到挡矸帘的作用。

3. 有淋水的工作面、顶板的管理措施

掘进工作面有淋水时，要通过水文地质工作，弄清水的来源，掌握水量的变化。再根据实际条件分别采用预注浆封水、快硬砂浆堵水、截水槽或截水棚截水等方法将水引离工作面。顶板淋水不大时，用风管边吹边喷砂浆止水。有淋水的地段，要加大支架密度、背严顶帮，提高支架的稳定性，防止冒顶事故的发生。

4. 掘进工作面过断层、裂隙和岩性突变地带时应采取的顶板管理措施

（1）加强掘进地段的地质调查工作，根据所掌握的地质资料（包括地质构造分布情况与产状以及岩性变化的可能地段），及时制定具体的施工方法与安全措施。对于特殊地段，要制定针对性措施，否则不能开工。

（2）在破碎带中掘进，应做到一次成巷，尽可能缩短围岩暴露时间，减小顶板出露后的挠曲离层，提高顶板的稳定性。

（3）施工中要严格执行操作规程、交接班和安全检查制度。要经常观察围岩稳定状况的变化，及时掌握断层、裂隙带、岩性突变带出露的时间。一旦发现异常要及时处理，防患于未然。

（4）掘进工作面临近断层或穿断层带时，巷道支护应尽量采用砌碹或U型钢可缩性支架支护，棚距要缩小。在距断层5 m左右时，要采用密集支柱。

（5）采用爆破法落煤岩时，要尽量“多打眼，少装药，放小炮”，尽量保持围岩的稳定性。如果爆破中顶板难以控制与管理，有冒顶的危险，应改用手镐方法掘进。

（6）减小空顶距离，及时架设临时支架，永久支护要紧跟工作面迎头。若采用砌碹式支护时，每次掘砌进度不得超过1 m。

（7）巷道支架背板要严实，提高支架对围岩的支护能力，防止掘进中漏顶或漏帮。

（8）当顶板特别松软破碎时，可打撞楔控制破碎顶板。有条件时，也可采用对顶板注浆锚固的方法，增强破碎顶板的稳定性与承载能力。

（9）在顶板岩性突变地段，要及时打点柱支护突变带顶板。对伞檐状危岩要及时敲掉，敲不下来时，要在伞檐下打上撑柱，并在下面加密柱棚，或加打台板棚。

（10）巷道临近断层等构造时，要加强对瓦斯的检查以及对断层水的疏排工作。

第四章 巷道掘进

第一节 钻眼技术

一、钻眼机具的选择

1. 煤矿使用的钻眼机械的分类

煤矿使用的钻眼机械有凿岩机和电钻两大类。煤矿使用的电钻主要有煤电钻和岩石电钻两种，煤电钻的功率一般小于2 kW，通常在煤巷中使用；岩石电钻功率大多为2～7.5 kW，但目前在煤矿使用较少。

岩巷掘进可供选择的凿岩机种类较多，按动力分有电动、气动和液压三种，按操作方式有手持式、气腿式和台车三种，按重量分有轻型、重型。目前煤矿普遍采用的为气动凿岩机。液压凿岩机近年来得到迅速发展，它与凿岩台车相配合，使用数量在逐渐增加。凿岩机选择的主要依据是工程要求的施工速度。使用气腿式凿岩机可多台凿岩机同时钻眼，钻眼与装岩平行作业，机动性强，辅助工时短，便于组织快速施工。因此对于月进度要求达到100 m以上的工程，采用气腿式凿岩机较为合适。而在一般矿井建设连锁工程或生产矿井的开拓工程中，可采用台车凿岩，以利提高工效和机械化程度。

2. 钎头的选择

钎头有活动钎头和钎头与钎杆连成一体的自刃钎头两种。其钎头有一字形、二字形、十字形、塔形等。煤矿常用的是镶硬质合金片的一字形活动钎头，它制作及修磨都比较容易。近几年柱齿钎头在一些矿区得到应用，收到了较好的经济技术效益。

二、常用钻眼机具的使用与维护

（一）气腿式凿岩机

气腿式凿岩机是我国使用最普遍的凿岩机具，其主要机型有7655、YT24、YT26、YT28、ZY24等，但以上气腿式凿岩机存在无法钻全方位锚杆孔和只能反转不能正转的缺陷。1992年以来，浙江衢州煤机厂研制开发了可全方位凿孔且能正转的7665MZ、ZY24M系列双级气腿凿岩机（专利产品），使炮掘巷道实现了掘进和锚杆施工一体化，机掘巷道实现了顶部和帮锚杆施工、锚杆安装机具一体化。

1. 主要结构

气腿式凿岩机主要由凿岩机（冲击及配气机构、转钎机构）、排粉机构、推进机构（单级或双级气缸）、操纵机构、润滑机构组成。风动凿岩机对钎子的冲击都是由活塞在气缸中做往复运动提供的，主要是配气装置的作用。冲击配气机构由活塞、气缸、导向套及配气装置（包括配气阀、阀套、阀柜）组成。

2. 注意事项

（1）新机用前，必须拆卸清洗内部零件，除去零件表面的防锈油质、重新装配件时，各零部件配合面必须涂润滑油，两个长螺栓螺母应均匀拧紧；整机装配好后插入钎杆，用于单向转动应无卡阻现象，并应空车轻运转或在低气压（0.3 MPa）下运转 5 min 左右，检查运转是否正常，同时检查各操作手柄和接头是否灵活可靠，避免机件松脱伤人。

（2）开机之前接装气、水管，均应吹净管内和接头处脏异物，以免脏异物进入机体内，使零件磨损或水路堵塞。

（3）开机之前注油器要装足润滑油，并调好出油量。耗油量控制在 2.5 ~3 mL/min 为宜，即在正常润滑条件下，每隔 1 h 加一次油，油量过大或过小都对机器不利，禁止无油作业。出油量大小由注油器上的油阀调节，油阀逆时针旋转油量增大，顺时针旋转时油量减小直至关闭油路。机器停止运转时，应关闭注油器以防止润滑。

（4）机器开动时应轻运转开动，在气腿推力逐渐加大的同时逐渐全运转凿岩。不得在气腿推力最大时骤然全运转，禁止长时间空车全运转，以免零件擦伤和损坏。把钎时以轻运转为宜。

（5）垂直向上凿孔时，必须注意安全。开眼时，让钎具稍许前倾。开眼后，让主机与气腿靠到位，使整机直线钻进。在上山和下山巷道，应利用巷道坡度，钻出与顶板垂直的岩孔。

（6）机器用后应先卸掉水管进行轻运转，以吹净机体内残余水滴，防止内部零件锈蚀。

（7）双级气腿，勤加维护。凿岩时要防止岩石擦伤中筒，每班凿岩毕，要用水冲洗掉中筒和活塞杆表面的黏附异物，涂刷润滑油，并用手拉动，使其伸缩自如。

（8）经常拆装的机器，在正常凿岩过程中，两个长螺栓螺母易松，应注意及时拧紧，以免损坏内部零件。气腿与主机铰接处，大螺母必须拧紧，而小螺母是用来调节铰接松紧程度的，切勿拧得太紧。

（9）已经用过的机器，如果长期存放，应拆卸清洗，涂油封存。

（二）单体液压顶板钻机

液压钻机是最早用于钻装锚杆的机具，广泛用于岩石抗压强度小于 80 MPa 的岩石钻孔。国产单体液压顶板锚杆钻机（以下简称液压锚杆钻机）分为两大系列，即 MZ 系列导轨推进式和 MYT 系列支腿推进式。MZ 系列钻机主要结构由主机、操纵架、泵站三大部分组成。MYT 系列钻机主要结构由主机和液压泵站两大部分组成。

1. MZ 系列导轨推进式液压钻机

1）主要结构和工作原理

MZ 系列钻机主要结构由主机、操纵架、泵站三大部分组成，之间通过高压油管连接。泵站输出的压力油，经过两根主进油管送至操纵架，再通过油管分配到主机的油马达、推进缸和支撑缸，实现钻机的支撑定位和钻孔。

2）注意事项

（1）运输时主机的支撑缸应收缩到最小尺寸。

（2）每钻完孔，支撑缸收缩退回时，必须有副司机扶住主机，以免主机倾倒伤人。

（3）正常钻进时应随时注意顶尖，如发现顶尖松动，没有顶紧顶板，应及时将支撑手柄推至“支撑”位置。

2. MYT 系列支腿式液压锚杆钻机

1）主要结构及工作原理

MYT 系列支腿式液压锚杆钻机采用全液压驱动结构，主要由主机和液压泵站两大部件组成。液压泵站通过油管连接操纵臂的组合控制阀，液压泵站输出的压力油经过进油管送至操纵臂，由操纵臂上的复合阀分别对马达和支腿进行控制。

2）劳动组织

每台钻机应配备 2 名专职操作人员。操作人员应了解钻机的性能及特点，熟悉操作规程，掌握操作要领，并能够独立进行钻机的井下维护和保养。

3）操作程序

（1）钻机运到工作区域，主机置于要钻凿的锚杆顶板下，泵站置于附近的巷道边，将引自泵站的进油管和回油管接好。

（2）检查紧固件有无松动，各连接部位是否可靠。

（3）检查油箱的油位，接通电源和水源，启动电机，确保电机按照规定方向旋转，检查油管是否漏油。

（4）将主机立起，找好孔位，钻机尽量与顶板垂直。

（5）先启动马达，使钻机旋转，再慢慢开启支腿，让钻机慢慢接近顶板开孔，当钻进 30 mm 后，方可开启水阀，马达阀完全打开，并加大推力，进入正常的钻孔作业。

（6）钻孔到位后，马达继续旋转，支腿控制手柄反向旋转。

（7）套钎钻孔时，长钻杆的钻头直径宜稍小于短钻杆所用的钻头直径。

（8）钻孔完毕，钻机返回，装上搅拌套筒，用锚杆将树脂药卷推入锚杆孔内，将锚固剂送至孔底，然后启动锚杆钻机搅拌和安装锚杆。钻机的转速以中速为宜，支腿推进时间应与锚固工艺规定的搅拌时间基本符合。

（9）搅拌结束，停止旋转和推进，达到规定的树脂“固化时间”之后，开启锚杆钻机拧紧螺母，直至上紧。

（10）收起钻机，用水冲洗钻机，检查钻机是否有损伤，及时处理好，将其放置到安全场所。

4）注意事项

（1）钻孔前，必须确保顶板与煤帮的稳定，进行安全作业。

（2）钻孔时，不得戴手套握钻杆。

（3）开眼时，应扶好钻机，进行开眼作业。

（4）钻孔时，应合理控制支腿推进速度，以免造成卡钎、断钎、崩裂刀刃等事故。

（5）钻机收缩时，手不要扶在支腿上，以免伤手。

（6）钻机加载或卸载时，会出现反扭矩，但均可握紧操纵臂取得平衡。操作者应注意站位，合理握住手柄。

（7）注意保持油箱的油位。

（8）钻孔结束后将钻机冲洗干净，并竖起靠在巷道帮安全位置，严禁平放在地面。

（9）如主机与液压系统拆开运输时，油管接口、管接头处应用干净塞子堵好并用干净塑料布包好，以防污物进入。

5）钻机特点

钻机能够根据负荷的变化实现推力、转矩、转速最佳匹配，因此具有良好的钻削破碎岩石的性能。其过载能力好，钻孔速度快；易于实现无级调速；振动小，钻孔质量好，无噪声污染；动力单一，电压变化对钻机性能影响较小；能耗低，操作安全；适应性强。

（三）帮部锚杆钻机

目前国内煤矿的巷道帮部锚杆钻机主要分为两大类：一类为气动帮部钻机，有手持式气动帮部钻机和支腿式气动钻机；另一类为液压帮部钻机，有手持式液压钻机和支腿式液压帮部钻机。

1. 气动帮部钻机

1）手持式气动帮部钻机

（1）主要结构及工作原理。手持式气动帮部钻机主要由气马达、减速箱、水控制扳把、气马达控制扳把、扶机把、消音器几部分组成，其中气动马达有两种，一种为叶片式气马达，另一种为齿轮式气马达。

操作者双手握住扶机把，左手开启马达控制阀，压缩空气经过过滤器、注油器滤网由进气口进入气马达驱动气马达旋转，经齿轮、链轮减速后，驱动输出轴带动钻杆钻头旋转切削钻孔或搅拌锚固剂，安装锚杆。钻孔时操作者用右手打开水阀控制阀，冲洗水经过钻杆、钻头冲洗岩孔、冷却钻头。钻孔时的切削力由操作者两臂用力向前推进来提供。

（2）钻机的操作与使用。使用前的准备工作有如下方面：

① 使用前，首先打开主气管路气阀或水路水阀，将气管和水管吹净或冲洗干净，气、水管内不得留有污物。

② 进气管道安装注油器，注油器距钻机的最大距离不得超过 3 m。

③ 在每班工作前，检查并给在管道上的注油器加注机油，加油量为每班注 50 mL。

④ 将气、水管路接上钻机的进气、进水接头，并插牢插销。确保使用中不会脱落。

⑤ 检查水源。给钻机提供清洁的高压水是帮部锚杆钻机高效工作的基本条件。

⑥ 检查主气路，在钻孔过程中给钻机提供干燥、洁净的压缩空气，并确保气流量。

⑦ 分别检查气马达和冲洗水的控制扳把，保证动作灵活，准确无误。

⑧ 检查钻杆的直度及内孔。钻杆的不直度不得超过 1 mm/m，内孔不得堵塞，钻杆的六方不得磨损。

⑨ 检查钻头，不得磨损。

钻机的操作主要有如下方面：

① 空载试验。钻孔前先进行空载检查，先不插入钻杆，操作者用左手四指板动马达控制扳机，打开气马达控制阀，压缩空气进入气马达，观察气马达及输出轴的转动是否正常。再用右手扳动冲洗水控制阀扳机、打开水阀，观察输出轴输出端的钻杆连接套中是否有水流出。

② 钻孔。确认钻机空载试验正常后，即可开始钻孔。首先将钻杆尾部擦洗干净，插入钻机的钻杆连接套内。操作者两手持钻，右腿向前跨一步站稳，将钻头顶住巷帮上需钻孔的位置，右手扳动冲洗水控制阀扳机，水控制阀打开，开始给钻头供冲洗水。左手扳动气马达控制扳机，打开气马达控制阀，钻机开始旋转切削钻孔。此时，操作者两臂用力向前推动钻机做钻孔推进。刚开始钻孔属开眼阶段，转速稍慢一点，推力略小一些，钻头钻进岩石 20 mm 左右，则开眼成功。开眼后便开始正式钻孔，此时可以最快钻速进行钻孔，操作者也全力推进，进行快速钻孔。当锚杆孔钻至所需深度时，钻孔停止。这时，将冲洗水控制手把扳到关闭位置，关掉水阀，使钻机缓慢旋转，操作者两臂用力推拉钻机几次，将钻孔内煤粉及冲洗水排出，然后向后拉出钻机，钻孔结束。当钻头即将离开钻孔时，将气马达控制扳机扳到关闭位置，钻机停转。钻完一孔后，按上述方法，将钻机对准下一孔位，继续钻孔。

（3）注意事项。钻机的操作与使用主要须注意如下方面：

① 钻孔过程中，工作气压不得超过 1 MPa。气压增大、输出扭矩增大，过大的扭矩使操作者很难手持操作。

② 严禁无润滑开机，以免损伤气马达，一般情况下每班必须加油 1 次。

③ 钻机上水、气接头处装有滤网，使用时不得随意拆卸，以免污物进入机体，影响气马达的精度和使用寿命。

④ 定期拆洗滤网。将气、水接头拆开进行清洗，清除滤网上的杂质。

⑤ 减速器及气马达定期添加润滑油，并定期拆洗减速器和气马达，清洗干净后加上规定型号的润滑脂和润滑油。

（4）特点。主要是结构紧凑，体积小，质量轻；操作简便，使用维修方便；钻孔速度快。

2）支腿式气动帮部钻机

（1）主要结构。支腿式气动帮部锚杆钻机主要有气马达、传动箱、操纵部件、气动支腿几部分组成。支腿式气动帮部钻机适用于岩石坚固性系数 $f \leqslant 5$ 的煤或岩石。

（2）工作原理。开启气马达控制阀，压气经空气过滤器、注油器、滤网进入气马达，驱动气马达经齿轮减速后带动输出轴、钻杆、钻头顺时针方向旋转切削钻孔。开启支腿控制阀，支腿动作。当控制阀处于中间位置，支腿充气、排气相平衡，支腿不动作；当气腿控制阀处于排气位，气腿腔内余气即从气腿控制阀排出，气腿回落。钻帮孔时，可根据孔位操纵控制阀，使支腿升、停、降，满足钻孔及安装锚杆的要求。

（3）钻机的操作与使用注意事项有如下方面：

① 该机需两人操作，一人负责操纵马达控制阀，另一人负责操纵支腿的升、降及水阀的开关。

② 操作者站在钻机的外侧，钻孔前应检查风、水管是否接好，油雾器内是否注满润滑油。空运转试机检查气马达、支腿正常后，再正式钻孔。

③ 开眼时转速不易太快，支腿推力调小，当钻孔 30 ~ 50 mm 时，打开水阀逐步提高转速，加大推力。

④ 钻孔到位后，关闭气支腿开关，马达慢速旋转，支腿靠自重和人工辅助返回。最后关闭水阀。

⑤ 套钎钻孔时，长钻杆的钻头直径宜稍小于短钻杆钻头直径。

（4）钻机特点主要有如下方面：

① 体积较小，质量较轻，操作简单，维护方便。

② 齿轮式气马达运转稳定，可靠性高。

③ 该机可用于煤帮上部锚杆孔施工，解决了长期以来巷帮上部锚杆孔不好施工的难题，施工质量好，且劳动强度低。

2. 液压帮部钻机

液压帮部钻机是以压力油为动力驱动液压马达旋转切削钻孔和锚杆安装的钻机。

1）手持式液压帮部钻机

（1）主要结构及工作原理。液压帮部钻机主要由扶机把、水控制手把、液压马达、液压马达控制手把连接头、钻杆套等几部分组成。操纵液压马达手把，泵站输出的压力油进入液压马达驱动液压马达旋转，液压马达输出的转矩经连接头、钻杆套驱动钻杆、钻头切削钻孔。钻孔时，操纵水控制手把，水进入连接头水室，从钻杆尾部进入中空钻杆，从钻头两水孔喷射到锚杆孔内进行降尘排屑，冷却钻头。

（2）钻机的操作与使用。手持式液压帮部钻机的操作方法和钻孔程序，安装锚杆、搅拌锚固剂的工艺，与手持式气动帮部锚杆钻机基本相同。

（3）注意事项有以下方面：

① 泵站的工作压力应控制在 8 ~ 11 MPa，不宜太大或太小。

② 钻孔时严禁马达反转，若发现反转现象应立即调整转向。

③ 钻孔中若发现卡钻、停转或钎杆弯曲现象，应立即拉回钻杆或更换钻杆，然后重新钻孔。

④ 每次施工结束后，应用水将钻机冲洗干净，油管、水管一般不宜拆下，若拆下应注意保护好进出油口、进水口，以防污物进入。

（4）特点有如下方面：

① 钻机为便携式，结构简单，质量轻，操作维修方便，使用可靠。

② 与液压顶板钻机共用一泵站，简化了掘进工作面的配套设备，实现了掘进设备的动力单一化。

③ 输出转矩大，集钻孔、锚固剂搅拌、锚杆安装功能于一体。

2）支腿式液压帮部钻机

（1）主要结构及工作原理。支腿式液压帮部钻机主要由操纵机构、切割机构、液压支腿、液压泵站组成。其工作原理：泵站输出的压力油通过高压软管送到主机操纵组合控制阀，控制切割机构的旋转和支腿的升降，从而完成眼孔的施工。

① 切割机构。由摆线油马达、回转供水装置、连接套等部件组成。油马达提供切削岩石的动力，防尘冷却水经回转供水装置至钻杆、钻头喷射到锚孔内。钻机输出的转矩经连接套传递给钻杆、钻头，完成钻孔作业。

② 液压支腿。液压支腿由单级或双级油缸组成。主要作用是钻边帮锚孔时起到调节钻孔高度、支撑切割机构、辅助推进的作用。

③ 操纵机构。操纵机构主要由组合式换向阀、操纵架、左右操纵手把组成。左手把控制液压支腿的升降，右手把控制油马达的旋转。通过操纵架将操纵机构与切割机构连成

一体。

④ 泵站。泵站主要由防爆电机、双联齿轮泵、油箱、安全阀及辅件组成。双联泵输出的压力油一路供液压支腿，一路供液压马达。一般情况下，帮锚杆钻机与液压顶板锚杆钻机合用一台泵站。

（2）钻机的使用、注意事项、维护保养，基本与液压顶板锚杆钻机相同，详见本章液压顶板锚杆钻机相关内容。

（3）特点主要有如下方面：

① 主机结构简单，质量轻，操纵使用方便。

② 转矩大，不仅钻孔速度快，而且能实现钻孔、锚固剂搅拌、锚杆安装一体化。

③ 液压顶板锚杆钻机与液压帮锚杆钻机共用一个泵站，简化了工作面配套设备，实现了工作面动力单一化。

（四）煤电钻

煤电钻是直接以电能为动力，连续旋转切削破碎岩石的钻眼机械。通常使用的煤电钻由电机、减速器、钎套筒、散热风扇以及外壳、手柄、开关等组成。

使用煤电钻时应保持推力均匀，开眼后即将推进方向保持正直，不能歪扭别劲。如果工作时温度太高（>50 ℃）或声音不正常（例如有冲击声、摩擦声以及因一相接触不良产生的“嗡嗡”声等），均应停止使用，并送机修单位检查。钻眼完毕应拔掉防爆插头，并将电钻和电缆撤到安全地点，以免爆破时砸伤。钻眼时如果遇到坚硬物体（例如煤层中的夹矸、黄铁矿结核等），应该放慢推进速度，以免电机超负荷运转，使得温度过高甚至烧毁。

1. 使用煤电钻时的安全要求

（1）应带齐所用工具、备品和零件（钻杆、钻头、钳子、螺丝刀和铁丝等）。

（2）电钻外壳壳体应无裂纹、破伤，螺栓紧固；开关应灵活完好，主轴旋转方向正确，声音正常。

（3）电钻电缆不能有网结、胶皮破伤漏电，并用麻绳悬吊在巷道一帮，间距 3 ~ 5 m，悬垂松紧适度，剩余的电缆要选择安全地点盘好。

（4）工作面无风或风流中瓦斯浓度达到 1% 时，必须停止用电钻打眼。

（5）工作面顶帮、支架应完整安全，上班无丢炮、瞎炮。发现问题应及时处理，确保钻眼的安全。

（6）掌钻人员自身的胶鞋应良好无破损，衣服袖口、扣子应系好，毛巾应扎好放在领子内等。

2. 煤电钻操作要求

煤电钻操作中要注意的事项，归纳为一句话，就是“四要、四勤、一集中”。

（1）“要平”。把钻端平，全身用力，身体保持平衡。入钻、推进、退钻都要平，不让电钻上下左右摇摆，电钻正对打眼方向，钻杆沿着直线前进，钻杆才不会弯曲或卡死，炮眼才能打平、打直。

（2）“要稳”。把钻抱稳，情绪要稳。冷静地听钻进声音，判断变化，如声音清脆，就要增加推力，快打眼；如声音奇异，就需少用力，使钻空转或向外拉动，排一排煤粉再向前推进。

（3）“要均”。任何时候使钻都要均匀用力，不得猛力推顶。

（4）“要准”。打眼角度方向准。钻进时要按角度要求对准方向操作，保持钻杆在炮眼口中心转动。打上部眼时就注意看准下部眼位，退钻后立刻对准下部眼位入钻。

（5）“勤闻”。嗅觉要灵敏，特别注意烧电机的臭味和接头连电的烧胶皮臭味。

（6）“勤看”。随时注意检查煤壁、顶板、支架变化，观察设备工具和钻进情况，掘进时应照准中线操作。

（7）“勤听”。随时听顶板和电钻钻进声音，有奇声异响时，立刻停钻处理。

（8）“勤动手”。随时敲帮部顶，处理伞檐和顶板浮石，钻进时要注意多排粉。

（9）“思想集中”。思想高度地集中在操作上，时刻注意对钻孔的规格质量要求。注意安全生产，防止精神松懈发生事故。

（五）掘进凿岩台车

掘进凿岩台车是一种在车体上安装数个钻臂（通常是 2 ~4 个）用以架支凿岩机的机械。钻臂可以任意转向，以适应工作面上任何位置、任何方向的钻眼工作。台车的使用，可使钻眼工作全部机械化、自动化，劳动效率很高。

台车有机械和液压两种。液压台车的自动化程度高，多台凿岩机可以集中控制，机械台车的设备简单，加工容易。台车主要结构有行走设备和回转钻臂等。

行走设备分轨轮、履带、轮胎三种。台车在工作面可用卡轨器（手动、风动、液压）固定于轨道上，或用固定气缸、液压千斤顶固定于顶底板上，使钻眼时不致移动。

钻臂回转由转柱推动，上下由俯仰油缸推动，导轨的摆动由水平摆角油缸推动，回转油缸可使推进器翻转 180°以利于钻边眼和底眼，另有补偿油缸用于将导轨紧顶在工作面上。因有四连杆机构，所以当推进器调到水平位置后，不管钻臂上下左右如何摆动，均能使推进器保持水平，使钻凿的炮眼保持水平。水平摆角油缸、俯仰油缸及升降油缸均设有液压锁，使钻臂和导轨移动到某一位置后，绝不会因震动或发生故障而移动。

在台车上还有供气、供水、供油、液压系统，控制台，行走机构，照明等设备，故其构造比较复杂。

三、钻眼的要求

（1）打眼要掌握“准、平、直、齐”四要点，即点眼要准确，掌钎要平，眼要直，眼底要落在一个垂直面上，使爆后工作面整齐。

（2）为确保达到“准”的要求，每次打眼前，必须将中腰线引到工作面找出巷道轮廓线来，然后按光爆图表标出每圈炮眼布置线和每个炮眼位置。眼位要准确，与图表的误差不允许大于 30 mm。

（3）为确保达到“平、直、齐”的要求，打眼前要量好钎长，标好记号。打眼时，先按巷道中心线打好第一个炮眼，插入炮杆，作为打好其他炮眼的导向标准，点眼人点完眼后，到凿岩机后掌握方向。

（4）要定人、定钻，定出每部钻打眼的顺序。

（5）打 2.5 m 以上的顶眼，要使用合适的高凳子和接长钻腿，以便把钻掌稳、掌准、掌平。

第二节　矸　石　运　输

一、人工装岩的有关规定

（1）装载时应佩戴手套，准备好工具，锹、镐安装牢固。

（2）装车前，平巷内要用木楔掩稳矿车，禁止用煤、岩块稳车；在使用绞车提升的斜巷内不准摘钩装车，工作面前要检查阻车器和遮挡装置是否齐全、可靠。

（3）装车时应站在矿车两侧，斜巷装车不得站在矿车下方，作业人员要相互照应，尤其在四角装车时，更应注意自身与他人安全。

（4）不得挖空道心、棚腿柱窝和滑轮固定橛子地根，要清扫两帮及水沟浮矸杂物。

（5）用手搬大块岩石时，要注意防止岩块破裂砸脚；严禁两人共同抬运大块岩石装车。

（6）装车时，要注意工作地点周围的电缆、风筒、风管、水管等物，以防碰坏。

（7）往矿车装矸（煤）时，不要装得太满，矸块不得超过车帮宽度；在倾角超过25°的巷道中装车时，煤矸不得超过车上沿。

（8）使用刮板输送机运煤（矸）时，应在输送机运转后装煤（矸），以防压住刮板链致使刮板输送机启动困难。任何人不得站在输送机上或乘坐输送机。

二、人力推车的有关规定

（1）1 次只能推 1 辆车。严禁在矿车两侧推车。同向推车的间距，在轨道坡度≤5‰时，不得小于 10 m，在坡度大于 5‰时，不得小于 30 m。

（2）推车时必须时刻注意前方。在开始推车、停车、掉道、发现前方有人或有障碍物或从坡度较大的地方向下推车以及接近道岔、弯道、巷道口、风门、硐室出口时，推车人必须及时发出警号。

（3）严禁放飞车。巷道坡度大于 7‰时，严禁人力推车。

（4）不得在能自动滑行的坡道上停放车辆。确需停放时，必须用可靠的制动器将车辆稳住。

第五章

巷 道 支 护

巷道施工一般包括掘进、支护和安装三大环节。其中掘进和支护两个工序关系密切，必须正确而又及时地予以支护，掘进工作才能正常进行。目前煤矿主要采用的支护形式有锚杆（锚索）网喷支护、砌碹支护和支架支护，其中锚杆（锚索）网喷支护在煤矿巷道支护中得到广泛的使用。

第一节 锚杆（锚索）网喷支护

锚网喷支护是一个支护系列，它包括锚杆支护，锚索支护，喷射混凝土支护，锚网喷支护。它具有施工速度快，机械化程度高，成本低等优点。目前存在的问题是喷射混凝土粉尘高、施工质量不易检查等。

一、锚杆支护

采用锚网支护技术不仅能够显著提高巷道支护效果，增加安全程度，而且可以节约大量的支护和维修费用，在减轻工人劳动强度的同时，能够改善井下作业环境，为矿井高产高效创造条件。它与传统的棚式支护相比具有十分明显的技术优越性。

锚杆的种类很多，有木锚杆、竹锚杆、管缝锚杆、水泥锚杆、水泥膨胀锚杆、注浆锚杆、树脂锚杆、可延深锚杆、超高强锚杆、可切割锚杆、可回收锚杆等，并随着技术的发展，不断出现新型锚杆。下面介绍几种常用的锚杆。

（一）树脂锚杆

树脂锚杆由杆体、锚固剂、托盘和螺母组成。

1. 锚杆杆体

锚杆材质大致可分为三类：①普通锚杆，材料屈服强度 σ_s < 340 MPa；②高强度锚杆，材料的屈服强度 σ_s = 340 ~ 600 MPa；③超高强度锚杆，材料的屈服强度 σ_s >600 MPa。不论哪种材料，其延伸率均应大于 15% ~ 17%。《煤巷锚杆支护技术规范》（MT/T 1104—2009）提出了锚杆支护基本参数，见表 5 – 1。目前国内锚杆杆体材料主要有 20MnSi 左旋无

表 5 – 1 锚杆支护基本参数

名 称	参 数 值
锚杆长度/m	1.6 ~ 3.0
锚杆杆体直径/mm	16.0 ~ 25.0
锚杆排距/m	0.7 ~ 1.5
锚杆间距/m	0.7 ~ 1.5
锚索有效长度/m	4.0 ~ 10.0
锚索公称直径/mm	15.2 ~ 22.0

纵筋螺纹钢和 Q235 圆钢等几种。

2. 树脂药卷

煤矿用树脂锚固剂直径主要有 23 mm、28 mm 和 35 mm 三种。一般要求树脂锚固剂直径比钻孔直径小 4 ~ 6 mm 为宜。这三种树脂锚固剂所匹配的钻孔分别为 29 mm、33 mm 和 42 mm。树脂锚固剂长度一般有 350 mm、500 mm、600 mm、700 mm、800 mm 五种。

3. 锚杆托盘

目前多数矿区主要使用的托盘为 Q235 或 20MnSi 钢板压制的蝶形托盘、平板形托盘和铸铁托盘，面积 100 ~ 225 cm^2，厚度 8 ~ 15 mm。

4. 锚杆螺母

锚杆用螺母有两种，一种是普通通用螺母，另一种是快速安装防松螺母。

5. 护网

网有多种形式，按材料分为金属网和非金属网。金属网有钢（铁）丝网，包括菱形编织网、经纬热压接网、经纬纺织网和钢筋网；非金属网主要有塑料网、聚酯网和笆片。

安装树脂锚杆时，用锚杆杆体将树脂药卷送到眼底，然后用锚杆搅拌器带动杆体旋转，将药卷捣破并搅拌 30 s 左右，化学药剂混合后发生化学反应，树脂由液态聚合转化为固态，将孔壁岩石和锚杆体端部胶结固化在一起。15min 后安上托盘拧紧螺母即安装完毕。

（二）管缝式锚杆

管缝式锚杆是美国 20 世纪 70 年代研制成功的，采用美国 1018 钢制作，其屈服应力为 280. 0 ~ 439. 0 MPa，或采用 4130 钢，其屈服应力为 421. 0 ~ 701. 0 MPa，大致相当于我国 45 号钢或低合金钢。目前国内用 45 号钢或 16 铬钼钢等低合金钢板加工，多用卷压成型的加工工艺，锚杆长度 1. 2 ~ 1. 5 m，或 1. 8 ~ 2. 0 m，或更长一些。锚杆直径有 30 mm、33 mm、40 mm、43 mm 几种，锚杆直径通常比钻孔孔径大 2 ~ 3 mm。因管径大于孔径，需用风钻（前端装特制顶具）或其他机具强行顶入锚杆孔中，依靠优质钢管的弹性变形恢复力而与孔壁紧紧挤压，在杆体全长产生摩擦锚固力。锚固力取决于多种参数，通常可达 50 ~ 70 kN。

这种锚杆靠摩擦力实现全长锚固，适用范围广泛，可作为巷道掘进中的超前锚杆，也可使用在巷道掘进中变形较大、位移量较大的围岩中。在锚杆受围岩横向位移力时，锚固力更大，而且不易折断。在普通岩体中使用效果也较好。

由于管缝式锚杆为空心结构，打入围岩后，容易产生透水管路，而且管缝式锚杆遇水易锈蚀。因此，该种锚杆不适于使用在含水量大的岩层和含膨胀性矿物的软岩岩层中。

（三）水泥锚杆

水泥锚杆由杆体和水泥药卷组成。水泥锚杆的杆体有钢制、竹制及木制三种。钢制锚杆有端部弯曲式、小麻花式、普通麻花式、端盘式和回收式等。端部弯曲式、小麻花式适于打入安装，普通麻花式适用于旋转搅入安装，端盘式适用冲压安装。竹锚杆有端尖式和锯齿式，木锚杆有端锥式，均适合打入安装。

水泥药卷多种多样，按结构形成有实心式和空心式；按吸水方式有浸水式和自备水式；按锚固方式有端锚式和全长锚固式。

二、锚索支护

锚索是采用有一定弯曲柔性的钢绞线通过预先钻出的钻孔以一定的方式锚固在围岩深部，外露端由工作锁具通过压紧托盘对围岩进行加固补强的一种手段。作为一种新型可靠有效的加强支护形式，锚索在巷道支护中占有重要地位。其特点是锚固深度大、承载能力高，将下部不稳定岩层锚固在上部稳定岩层中，可靠性较大；可施加预应力，主动支护围岩，因而可获得比较理想的支护加固效果，其加固范围、支护强度、可靠性是普通锚杆支护所无法比拟的。

（一）锚索类型

按钢绞线的根数分有单根锚索和锚索束；按锚固材料分有树脂锚固锚索、水泥锚固锚索及树脂水泥联合锚固锚索；按锚固长度分有端部锚固锚索和全长锚固锚索；按预紧力分有预应力锚索和非预应力锚索。

1. 树脂端部锚固锚索

树脂端部锚固锚索的特点是采用搅拌器搅碎树脂药卷，对锚索进行端部锚固。其安装孔径为 28 mm，用普通单体锚杆机可完成打孔、安装。安装工序简单，便于操作，施工速度快。树脂端部锚固锚索支护技术主要用在破碎、复合顶板煤巷，放顶煤开采沿煤层底板掘进的煤顶巷道，软弱和高地应力巷道，以及大跨度开切眼和巷道交叉点等条件比较复杂的工程部位。

2. 注浆锚固锚索

其特点是采用多根钢绞线，全长锚固，钻孔直径大，承载能力高。由于采用注水泥砂浆锚固，需要一定的固化时间，承载速度不如树脂端部锚固锚索快，不能用于回采巷道，一般适合于大断面硐室和巷道的补强加固。

3. 树脂注浆联合锚固锚索

树脂注浆联合锚固锚索兼有树脂端部锚固锚索和注浆锚固锚索的优点：①单根钢绞线，先用锚索搅拌树脂锚固剂，进行端部锚固；②树脂端部锚固后，可施加预紧力，使锚索及时承载；③树脂端部锚固后实施水泥注浆，进行全长锚固；④施工采用单体锚索钻机，不需要笨重的地质钻机，施工速度很快。

（二）锚索结构

1. 锚索构件

锚索的主要部件有钢绞线、锁具、锚固剂。其中，钢绞线和锁具如图 5－1 所示。

1）钢绞线

钢绞线的选择标准是强度高、韧性好、低松弛，既有一定刚度又有一定柔性，可盘成卷便于运输，又能自身搅拌树脂药卷实现快速安装，适合在空间尺寸较小的巷道中使用。目前广泛采用 7 股 $\phi5$ mm 高强度钢绞线，有关参数见表 5－2。

图 5－1 钢绞线和锁具

表5-2 7股高强度钢绞线有关参数

直径/mm	15.24	
强度等级/MPa	1725	1860
公称截面积/mm^2	139.35	140.00
最低破断力/kN	240.2	260.7
质量/$(kg \cdot m^{-1})$	1.094	1.102
1%延伸率的相应荷载/kN	204.2	221.5
延伸率	3.5	
屈强比	0.9	

2）锁具

以瓦片式为主的锁具有多种规格，应根据钢绞线规格选取，保证瓦片与钢绞线有良好的匹配关系。

3）锚固剂

锚固剂有水泥浆、树脂胶泥和普通树脂药卷等。注水泥浆及树脂胶泥锚固，需配备一套小型注浆泵，施工工艺比采用普通树脂药卷锚固复杂，尤其采用注水泥浆及树脂胶泥，需养护较长时间才能安装锚具、张拉，不能及时支护。但注水泥浆及树脂胶泥锚固剂可靠性较高，锚固力大，在钻孔含水时，采用普通树脂药卷锚固，其锚固力较小，有可能达不到设计锚固力。采用普通树脂药卷加长锚固（里段采用超快或快速树脂药卷、外段采用中速树脂药卷），与注水泥浆和树脂胶泥相比，不需注浆泵，使用锚固钻机带动锚索搅拌树脂药卷，简化了锚索安装工序，由于树脂药卷凝结时间短，一般等待1 h后即可安装锁具、张拉，实现了锚索快速安装、及时承载，有利于巷道快速施工和围岩稳定。但树脂药卷锚固时，其锚固力不稳定，钻孔出水时，锚固力更小。在巷道围岩较破碎时，常出现不能将树脂药卷送入孔底，锚杆在钻孔的中部，药卷挤入围岩裂隙后锚固长度达不到设计要求的情况。另外受巷道高度及锚杆钻机的扭矩所限，锚固长度受到限制，一般小于1.5m，不如注水泥浆和树脂胶泥灵活。在施工、设计时可根据生产地质条件及机具、巷道稳定性的要求，合理选择锚固剂。

2. 锚索结构

锚索结构较为简单，可分为内锚固段、钢绞线自由段和外锚固段三段，各段及其构成如图5-2所示。

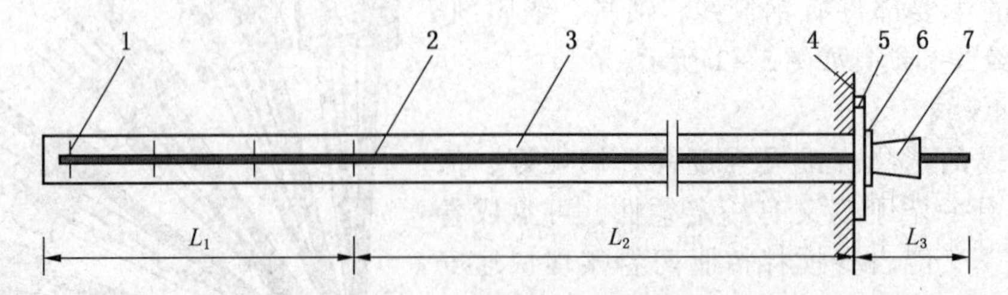

1—毛刺；2—钢绞线；3—钻孔；4—巷道围岩表面；5—槽钢；6—钢垫板；7—锁具；
L_1—内锚固段；L_2—自由段；L_3—外锚固段

图5-2 锚索各段及其构成

内锚固段外径 D 的最大尺寸以不影响锚索在钻孔中搅拌树脂药卷为宜，一般比钻孔直径小 6 ~ 8 mm 较好，可确保树脂药卷搅拌均匀。

三、喷射混凝土支护

喷射混凝土支护，就是将一定比例的水泥、砂、石、速凝剂混合搅拌后，装入喷射机，以压气为动力，使拌和料沿管路压送到喷嘴处与水混合，并以较高速度喷射到岩面上凝固、硬化而形成的支护。

1. 水泥

粉状水硬性无机胶凝材料。加水搅拌后成浆体，能在空气中或水中硬化，并能把砂、石等材料牢固地胶结在一起。水泥是重要的建筑材料，用水泥制成的砂浆或混凝土，坚固耐久，广泛应用于土木建筑、水利、国防等工程。

通用水泥即一般土木建筑工程通常采用的水泥。通用水泥主要是指 GB 175—2007 规定的六大类水泥，即硅酸盐水泥、普通硅酸盐水泥、矿渣硅酸盐水泥、火山灰质硅酸盐水泥、粉煤灰硅酸盐水泥和复合硅酸盐水泥。

水泥主要技术指标如下：

（1）比重与容重。普通水泥比重为 3∶1，容重通常采用 1300 kg/m^3。

（2）细度。指水泥颗粒的粗细程度。颗粒越细，硬化得越快，早期强度也越高。

（3）凝结时间。水泥加水搅拌到开始凝结所需的时间称初凝时间。从加水搅拌到凝结完成所需的时间称终凝时间。硅酸盐水泥初凝时间不早于 45 min，终凝时间不迟于 12 h。

（4）强度。水泥强度应符合国家标准。

（5）体积安定性。指水泥在硬化过程中体积变化的均匀性能。水泥中含杂质较多，会产生不均匀变形。

（6）水化热。水泥与水作用会产生放热反应，在水泥硬化过程中，不断放出的热量称为水化热。

（7）标准稠度。指水泥净浆对标准试杆的沉入具有一定阻力时的稠度。

（8）水泥标号。六大水泥实行以 MPa 表示的强度等级，如 32.5、32.5R、42.5、42.5R、52.5、52.5R 等，使强度等级的数值与水泥 28 d 抗压强度指标的最低值相同。

2. 砂

砂按来源不同分为河砂、海砂及山砂。砂的粗细程度按细度模数 μ_f 分为粗、中、细、特细级。粗砂 $\mu_f=3.7\sim3.1$ mm，中砂 $\mu_f=3.0\sim2.3$ mm，细砂 $\mu_f=2.2\sim1.6$ mm，特细砂 $\mu_f=1.5\sim0.7$ mm。煤矿巷道喷射混凝土支护多用中粒河砂。

3. 速凝剂

速凝剂是掺入混凝土中能使混凝土迅速凝结硬化的外加剂，为粉状固体。其掺用量仅占混凝土中水泥用量 2%~3%，却能使混凝土在 5 min 内初凝，10 min 内终凝，以达到抢修或井巷中混凝土快速凝结的目的。其主要成分为铝氧熟料（即铝矾土、纯碱、生石灰按比例烧制成的熟料）经磨细而制成。它们的作用是加速水泥的水化硬化，在很短的时间内形成足够的强度，以保证特殊施工的要求。

1）主要技术性能

（1）凝结时间。初凝 1 ~ 5 min，终凝 5 ~ 10 min，适宜掺量为胶凝材料用量的 3% ~ 5% 。

（2）碱金属含量小于 1% ，无毒、无味、无刺激。

（3）细度：8 mm 孔筛，筛余物小于 10% 。

（4）喷射混凝土早期强度高，其 28d 龄期抗压强度保存率达 80% ~ 100% 。

（5）喷料黏聚性好，对钢筋无锈蚀作用，可提高抗渗标号，凝结快，一次喷层厚，喷拱可达 130 mm，喷壁可达 200 mm 以上。

2）使用方法

先按喷射混凝土配比把所喷物料搅拌均匀，在喷射时随机添加速凝剂。建议在使用前选择适宜掺量及凝结时间的测定试验。

3）注意事项

不要在物料搅拌时添加该品，因石子、砂子含有大量的水分，速凝剂在短时间内吸水导致其在未喷射时分解其速凝成分，影响凝结时间，降低混凝土强度。使用前应针对工程所用水泥品种进行试配试验，选好掺量，方可大量使用。注意：存放的过期水泥不能用，不符合国家标准的水泥不能用。对速凝剂要求妥善保管，防止受潮结块失效。加强早期喷水养护，确保后期强度。严格掌握好水灰比。渗水漏水的工程必须加大掺量。

四、锚网喷联合支护

上述的支护形式都只作为单一的支护形式来应用，然而在很多情况下，采用锚杆与喷射混凝土联合支护（简称“锚喷支护”，习惯上有时把喷射混凝土支护也称为锚喷支护）。在比较稳定的岩层中打入锚杆后，再在巷道的岩面上喷一层水泥砂浆，封闭围岩，防止风化，并增加围岩强度。

在松软不稳定的岩层中，打入锚杆，再喷一层混凝土，或者在喷射混凝土中再加一层金属网，即所谓锚网喷支护。

锚喷支护技术的发展可以分为四个阶段：20 世纪 50 年代，开始试用锚杆支护；20 世纪 60 年代，试作喷浆支护，后发展为喷射混凝土支护；20 世纪 70 年代，试用和推广光面爆破及锚杆、网、喷射混凝土支护，形成了一套比较完善的支护形式；20 世纪 80 年代采用工程量测、试用新奥法，结合煤矿特点，初步形成了一套完善的设计、施工动态管理方法。

锚喷支护技术的发展冲破了传统的支撑概念，形成了充分发挥围岩本身自支承作用，使围岩与支护共同作用的现代支护理论。支护理论的发展，在煤炭系统大致经历了以下几个阶段：20 世纪 20 年代以前，发表了许多地压假说，其共同特点是把围岩作为不变载荷，而支护被看作承受载荷的结构，即所谓的古典压力理论。20 世纪 20 年代至 60 年代，把岩体视作松散体，认为作用在支护结构上的荷载是围岩塌落拱内的松动岩体重量，即松散体理论。20 世纪 60 年代发展起来的支护与围岩共同作用的现代支护理论，是在锚喷支护的出现和大量采用，以及岩体力学的发展过程中形成的。20 世纪 70 年代以后，光爆锚喷支护不断完善与提高，引进和推广新奥法，采用了工程量测、信息化动态管理，促进了这一新技术的发展。

第二节 砌 碹 支 护

砌碹支护是指用料石、混凝土或钢筋混凝土砌筑而成的连续整体式支架。煤矿经常采用的主要形式是直墙拱顶式。它由拱、墙和基础三部分组成。

拱的作用是承受顶压，并传给墙和基础。做成拱形是为了使拱的各个截面都承受压应力，充分利用石材抗压强度高而抗拉强度低的特性。至于截面中产生的弯矩，可通过采用调整拱形，使其尽量减少。如弧形拱比半圆拱、三心拱为优。

墙的作用是支承和抵抗侧压，在拱基处传给墙的压力是斜的，要求壁后必须填充密实，防止拱与墙开裂，侧压过大时，可用弯曲的墙。

基础的作用是把墙传来的载荷和自重均匀传给底板。当底板岩石坚硬时，墙与基础可以等宽（厚）度；若底板比较软时，基础必须加宽，如果底板有底鼓时，还可以砌底拱。

砌碹支护是一个连续支护体，对围岩能够起到封闭防止风化的作用。该支护具有坚固、耐久、防火、阻水、通风阻力小、材料来源广、便于就地取材等优点。缺点是施工复杂，劳动强度大，成本高，进度慢。

一、砌碹支护的工序

砌碹一般使用在巷道服务年限超过 10 年，围岩十分破碎，同时很不稳定，且有大面积淋水或部分淋水，及水质有化学腐蚀性的地段。在各种锚喷联合支护不易实施时，可根据现场具体情况，加以选用。料石砌碹支护工序较多，主要有如下工序：

（1）在进行砌碹作业前应首先拆除临时支架。拆除临时支架应分两步进行。在巷道压力不大，围岩比较稳定时，可先卸去临时支架两帮背板，处理两帮活矸，再拆下支架的架腿，其架顶、架肩部分则仍托在托钩上或在无托钩的临时支架架肩处打上临时顶柱，待砌拱时再拆除。在顶压较大、围岩破碎时，必须将顶和帮维护好后再拆柱腿和梁，防止冒顶。

（2）掘砌基础。在临时支架的保护下，先将两帮底板浮石清理干净，再用风镐按设计将基础坑挖好。岩石坚硬风镐挖不动时，可打浅眼、少装药，将岩石崩松后再挖。打眼爆破时，必须符合《煤矿安全规程》规定，确保安全。

（3）按巷道中、腰线放上边线。将基础沟槽内的积水排净，在硬底上先铺上厚50 mm左右的砂浆，当基础坑的深度大于设计要求时，也可在硬底上铺一层碎石混凝土，然后在其上砌石材基础。

（4）砌筑碹墙。砌筑料石墙，垂直缝要错开，横缝要水平，灰缝要均匀、饱满。用荒料石或片石砌筑时，砌缝间的凹凸不平，应用片石垫平咬紧，使砌块与灰浆紧密结合。砌石材墙应做到横平、竖直。随砌随将壁后空隙充填密实。

（5）砌碹拱。包括拆除临时支架的架肩、架顶、过梁，立碹胎、搭工作台和砌碹拱等工作。拆除临时支架时，先用长钎子处理顶、帮浮石，必要时局部打上顶柱或架过顶梁管理顶板。此项作业时，人员一定站在安全地点。确认安全后，便可按中、腰线稳立碹胎和模板。碹胎顶端高度应比设计高 30 ~ 50 mm。碹胎柱一定要立牢，不得下沉。碹胎立好后，用拉钩拉紧、稳固，再测量校正一次位置，便可搭稳固的工作台，开始砌拱。砌拱必须从两侧拱基向拱顶对称进行，使碹胎两侧受力均匀，以防碹胎向一侧歪斜变形。随砌随铺放模板，砌块应垂直于拱的辐射线，在拱背上用石片楔紧。同时应做好壁后充填。封顶时，最后的砌块必须位于正中，并由内向外进行；封拱顶时，最后一块砌块应在四周和顶充满砂浆并用力推进去固定。混凝土拱封顶时，水灰比应适当减小，每砌筑一段拱、墙，都应留有台阶式咬合碴，以便下次砌筑接合密实。

（6）拆模清理。砌碹完毕，要待拱、墙稳定，才能拆除碹胎和模板。拆模时切忌用大锤敲打，以免碹胎、模板损坏变形；拆下的碹胎、模板应洗刷、整理，堆放起来，损坏变形的要及时修理，以便复用。砌碹表面质量不足之处，如灰缝不饱满、局部有蜂窝麻面等，应用砂浆勾缝、抹面，或必要时进行挖补处理。

砌碹支护在倾斜巷道的操作顺序和方法基本上和水平巷道相同，主要要求是砌块要和巷道倾斜角度平行，立碹胎要和巷道底板垂直。

二、砌碹支护的安全技术措施

（1）在上山掘进和砌碹平行作业时，在砌碹工作面上方 5～10 m，要设置安全挡。

（2）在下山掘进和砌碹平行作业时，除了在下山上部设置安全挡以外，砌碹和掘进工作面的上方 5～10 m 处，也要设置，以防跑车。

（3）砌碹处的材料和工具等都要有安全存放措施，防止向下滚动伤人。

第三节　支　架　支　护

支架支护是煤矿井下常用的支护形式。用于围岩十分破碎不稳定，不适宜采用锚喷支护，而且巷道服务年限不长的巷道。按支架的材料构成，可分为木支架、金属支架和装配式钢筋混凝土支架三种；按巷道断面形状可分为梯形支架和拱形支架等；按支架结构可分为刚性支架和可缩性支架。

一、梯形支架

梯形支架可分为木支架、金属支架及装配式钢筋混凝土支架。一般由一梁两柱组成。架设梯形支架，要看是否紧密，肩窝处理是否得当，否则会直接影响整个支架的稳定性。

顶梁是本支架支承顶板压力的受弯构件。棚腿是顶梁的支点，并支承侧压，棚腿与底板的夹角一般为 80°，并应插到坚实的底板岩石上。顶梁和棚腿的连接，常用“亲口接”，接头要求接合紧密，安设时应用四个楔子把梁腿接口处与顶帮围岩之间楔紧，以便承受此处较大的挤压力和保持整个支架的稳定性。

背板通常可用板皮、次木材或柴束，它的作用是使地压均匀地分布到顶梁和棚腿上，并防止碎矸石下落。根据围岩坚固程度，背板有密集布置的，有间隔放置的，背板后面和围岩间若有空隙，应用废木料或矸石填实。

（一）木支架

木支架一般可使用在地压不大、巷道服务年限不长、断面较小的采区巷道里，有时也用作巷道掘进中的临时支架。木支架易腐蚀、易燃、支护强度低，服务年限短，现已很少使用。

1. 井下加工梯形木棚时应遵守的规定

（1）用量具准确度量棚梁和棚腿的尺寸。

（2）柱腿用料时，要将料的粗端在上，超长的坑木只准截去细端。

（3）按作业规程中规定的接口方式和规格量画好勒口线，柱口和梁口的深度不得大于料径的1/4。

（4）用弯料时，必须保证料的弓背朝向巷道顶帮。

2. 锯砍棚料时注意事项

（1）锯砍棚料时应将木料放平稳，不许发生滚动。

（2）砍料时，要注意附近人员和行人的安全，斧头和斧把不能碰在障碍物上。

（3）砍料人不得将脚伸到砍料处近旁。

（4）及时清除粘连在斧头上的木屑，注意木料上的木节、钉子，避免砍滑伤人。

（5）锯、砍料的地点，应避开风、水管路和电缆。

（二）金属支架

金属支架具有坚固、耐用、防火、架设方便等优点，可制成各种构件，可回收复用。金属梯形支架有两种类型，一种为梯形刚性支架，另一种为梯形可缩性支架，一般多用梯形刚性支架，梯形可缩性支架应用较少。

梯形金属支架用18 ~24 kg/m 钢轨、16 ~20 号工字钢或矿用工字钢制作，由两腿一梁构成，其常用的梁、腿连接方式多采用在柱腿上焊接一块槽板，梁上焊接一块挡板，限制梁和柱腿接口处的位移。型钢棚腿下焊一块钢板，是防止它陷入巷道底板。有时还可以在棚腿之下加设垫木。

二、拱形支架

金属拱形支架可分为两类，即普通金属拱形支架和 U 型钢拱形支架。普通金属拱形支架多采用工字钢、矿用工字钢或轻型钢轨制造，没有可缩性，一般仅作巷道临时支护和锚喷支架巷道联合支护用。U 型钢拱形支架采用 U 型钢制造，具有可缩性，多用于地压大，受采动影响显著的采区巷道。

普通金属拱形支架分为无腿、有腿和铰接三种。无腿拱形支架适用于两帮岩石较为稳定的巷道，用托架承托梁，因无腿不妨碍砌墙工作，简化了工序，有利于安全，不易被掘进爆破崩倒。有腿拱形支架采用 18 kg/m 旧钢轨、槽钢或矿用工字钢制作，其构件有架梁、架肩、架腿 5 节的和只有架梁、架腿 3 节的两种，5 节的多用于宽度较大的巷道。铰接拱形支架由 3 ~5 节支架组成，支架节间采用铰接形式，具有可缩让压的性能，连接方式也较简单。该支架适用于岩层松软和受采动影响较大的采区巷道。

U 型钢拱形支架可分为半圆拱、直腿拱和曲腿三心拱三种。

拱形可缩性金属支架用矿用特殊型钢制作，每架棚子由三个基本构件组成，一根弧形顶梁和两根上端部带曲率的柱腿。弧形顶梁的两端插入和搭接在柱腿的弯曲部分，组成一个三心拱。梁腿搭接长度约为 300 ~400 mm，该处用两个卡箍固定，每个卡箍包括一个 U 形螺杆和一块 U 形垫板、两个螺母。柱腿下部焊有 150 mm ×150 mm ×10 mm 的铁板作为底座。

支架的可缩性可以用卡箍的松紧程度来调节和控制，通常要求卡箍上的螺帽扭紧力矩约为 150 N·m，以保证支架的初撑力。支架在地压作用下超过接头处的摩擦力时，拱形梁即沿立柱弯曲部分产生微小滑动，支架下缩，从而缓和了地压对支架的压力。

三、装配式钢筋混凝土支架

装配式钢筋混凝土支架简称钢筋混凝土支架。它可分为两大类，一类是普通混凝土支架，另一类是预应力混凝土支架。钢筋混凝土支架构件断面有矩形、T 形、梯形、工字形、槽形、空心矩形和管形等。选择断面形状时，应充分利用混凝土抗压强度大的特点，在抗弯构件中，应使受压和受拉区断面配合适当，使受拉钢筋距中性轴有较大的距离，以便在同样材料消耗情况下，能抵抗更大的弯矩，目前最常用的断面是矩形、工字形和 T 形，顶梁和柱腿一般采用相同形式的断面。钢筋混凝土支架背帮顶常用钢筋混凝土背板。背板有板形和槽形两种。

钢筋混凝土支架均适用于地压稳定，服务年限长及断面小于 12 m^2 的巷道，但应避免用于受采动影响的巷道。由于其构件重，架设困难，随着喷锚支护技术的发展，钢筋混凝土支架现在已经很少使用。

四、其他支护

1. 抬棚

巷道交岔点采用抬棚支护时，无论直角三通、斜交三通或四通抬棚、插梁都不得少于 4 根。排列间距要均匀，插棚的细头应搭在主抬棚上。抬棚架完后，应架设锁口棚，锁口棚柱腿应紧贴抬棚柱腿，但深度不得超过抬棚柱腿，锁口棚高度不应超过主抬棚。

（1）在顶板完整、压力不大的梯形棚子支护的巷道，抬棚应按下列顺序施工：

① 在老棚梁下先打好临时点柱，点柱的位置不得妨碍抬棚的架设。

② 摘掉原支架的柱腿，根据中、腰线找好抬棚柱窝的位置，并挖至设计深度。

③ 按架设梯形棚的要求立柱腿、上抬棚梁。

④ 将原支架依次替换成插梁，最边上的两根插梁应插在抬棚梁、腿接口处。更换插梁不准从中间向两翼进行。

⑤ 背好顶、帮，打紧木楔。

（2）在顶板破碎、压力大的地点，抬棚应按下列顺序施工：

① 将原支架逐棚更换成插梁，在插梁下打好临时点柱或托棚。所有插梁都应保持在同一水平上。

② 架设主抬棚，抬住已替好的插梁。

③ 撤除临时点柱或托棚。

④ 逐架拆除原支架并调正插梁，背实顶帮。

⑤ 架设辅助抬棚。

（3）在倾斜巷道架设抬棚时，柱腿应根据巷道坡度相应加长下帮柱腿，靠近水沟一侧的抬棚或插梁腿，应蹬在水沟基础以下的实底，不许放在松动的煤矸上。

（4）采用矿工钢架设抬棚时，梁和腿必须有可靠的连接固定和防滑装置。

（5）在拱形棚子支护的巷道，抬棚应按下列顺序施工：

① 上紧抬棚附近支架的卡缆，将架设抬棚范围内的支架打好中柱。

② 刷好两帮，挖出抬棚柱窝，立好棚腿，然后刷梁道、上顶梁，立抬棚要向内倾斜3°，梁腿搭接处应上3个卡缆。

③ 将三脚架托梁放在拱形支架棚梁上，每个三脚架的固定卡缆不得少于2个。

④ 由一侧开始窜插梁，U型钢插梁应大面朝下扣放，并用卡缆将托梁与插梁固定，插梁与机板之间要背实、背严。

⑤ 副抬棚（即托棚）要垂直于插梁架设。

⑥ 采用软落法回撤老棚。

⑦ 锁口棚要紧靠抬棚架设，其顶梁上也要安放三脚架托梁。

2. 点柱支护

(1) 每根点柱都必须戴帽，柱帽的规格应符合作业规程的要求，柱端平面应向上，与柱帽接触处要用木楔打紧，严禁在一根支柱上使用双柱帽和双楔子。

(2) 打点柱时，坑木粗头向上，柱帽要居中。水平巷道中的点柱应垂直顶底板，不准歪斜；在倾斜巷道中，每5°~6°的倾角支柱应有1°的迎山角。

(3) 根据作业规程规定的排距和柱距挖掘柱窝，并要见实底，如煤层松软可在柱下加木垫。木垫的规格也应符合作业规程的要求。

3. 前探梁支护

(1) 架设梯形棚前探梁应遵守下列规定：

① 梯形木棚、工字钢棚所用的前探梁应采用钢管、工字钢、轻型钢轨、槽钢等金属材料，固定前探梁可用卡箍或吊棚器，前探梁及固定装置的规格或强度，均应符合作业规程的规定。

② 前探梁的长度不得小于3.5 m。

③ 爆破后，前探梁前伸，其长度不得大于棚距的80%，然后紧固吊梁器或卡箍。

④ 在前探梁上应用横放方木接顶并用板皮、木楔固紧，接顶方木必须略高于后方的棚梁。

(2) 架设拱形棚铰接前探梁应遵守下列规定：

① 铰接梁的规格、型号必须一致，紧固的楔销应配套通用。

② 爆破后，应尽快拆除最后一节铰接梁和卡具，并及时与最前端的铰接梁用水平调角楔悬臂铰接。

③ 在最前端把棚梁放于悬臂铰接梁上，找正方向和高度后，再用卡具将棚梁与铰接梁固定。

④ 背顶后，再挖柱窝和架设柱腿。

(3) 锚喷巷道架设前探梁应遵守下列规定：

① 巷宽小于3 m时，可在巷道顶使用2根前探梁；巷宽大于3 m时，应再增加1根前探梁。

② 卡环间距和前探梁的间距，应按作业规程规定的锚杆间、排距确定，卡环的方向必须有可调性。

③ 爆破后，松开卡环，应及时将前探梁伸移到迎头，并用板皮、木楔背顶。

④ 按设计位置打最前排锚杆安装卡环，同时卸下最后排的卡环，将前探梁穿入新安装的卡环内，背好顶后，再进行锚杆支护施工。

第四节 临 时 支 护

巷道临时支护就是在井巷施工中，在掘进工作面架设永久支护之前架设的维护巷道安全和工作空间的一种临时支架，用以保护掘进施工人员的安全，在适当时机可改为永久支护。巷道临时支护的特点是服务期限短，并紧跟工作面。除锚喷支护外，临时支架均可回收复用；若用锚喷作临时支护，则其可以作为永久支护的一部分。

井巷临时支护有锚喷支护、锚杆支护、金属拱形支护、金属拱形无腿支护、梯形支护、无腿支护、前探支护、盘式支护等。

1. 锚喷支护

1）特点

（1）节省坑木。

（2）支护可紧跟工作面，不留空顶，有利于安全。

（3）既是临时支护，又是永久支护的一部分，经济安全。

（4）喷射时粉尘浓度较大，需加强防护措施，如可采用潮喷、湿喷或佩戴防尘用具。

2）适用范围

（1）岩石破碎，特别是风化性岩石的巷道与硐室。

（2）遇水遇风即膨胀或变质的岩石。

2. 锚杆支护

1）特点

（1）支护简单，节省材料。

（2）可以根据岩石情况确定锚杆数量及排列方式。

（3）可配合钢带或金属网，以扩大维护顶帮面积。

2）适用范围

适用于非风化性岩石；岩石虽破碎但不很严重的井筒、巷道和硐室。

3. 金属拱形支护

1）特点

采用 18 kg/m 旧钢轨、槽钢或矿用工字钢制作，一般可分为 4 ~ 6 节；坚固耐用，节省坑木。

2）适用范围

适用于围岩较稳定，压力中等的巷道。巷道规格单一，越长越经济。

4. 金属拱形无腿支护

1）特点

（1）采用 18 kg/m 钢轨或其他小型钢材制作，用托钩承托。

（2）因无腿不妨碍砌墙工作，简化了工序，有利于安全。

（3）不易被掘进爆破所崩倒。

2）适用范围

适用于两帮岩石较为稳定的巷道，以及规格单一或变化小的巷道。

5. 梯形支护

其特点如下：

（1）加工简单，井上、井下均可加工。

（2）对岩石较破碎、压力较大的巷道适应性强。

6. 无腿支护

1）特点

（1）使用灵活方便，井下可现加工。

（2）支架的长短可视具体情况而定。

（3）一般少量使用或局部处理用。

2）适用范围

（1）适用于巷道两帮较稳定的岩石中。

（2）个别或局部地区需处理时用。

7. 前探支护

1）特点

（1）没有控顶距，能将顶梁送至工作面，及时支撑顶板，安全性好。

（2）可以在立柱腿之间先将顶梁架好并背严。

（3）可避免爆破崩倒探梁范围的棚子。

2）适用范围

适用于围岩破碎、顶板易于冒落的巷道。

8. 盘式支护

1）特点

（1）倾角大，不能采用普通支架的巷道。

（2）支架由 3 根圆木组成，靠底板一侧由于出碴需要，不设盘梁。

（3）每隔一定距离（如 10 架左右），必须用托钩将盘柱固定到岩帮上。

（4）有利于工作面蹬盘作业。

2）适用范围

适用于倾角大于 45°的上山。

第六章

岩巷掘进事故分析处理

第一节　事故的预测和预防

一、事故防治的基础理论

（一）事故的发展阶段

事故的发展可归纳为三个阶段，即孕育阶段、生长阶段和损失阶段，各阶段具有各自的特点。

1. 孕育阶段

根据事故致因综合模型，事故的发生有其基本原因，即社会因素。由于整个社会的原因，如法律法规不健全和不完善、经济不景气、社会浮躁风盛行等，致使规章制度没有彻底贯彻，或是由于急功近利，致使采煤与安全的平衡、采煤工艺的设计、各种设备在设计或制造过程中就潜伏着危险，存在着安全隐患。这就是事故发展的最初阶段。

在这一阶段，事故属于无形阶段，人们可以感觉到事故隐患的存在，估计到它会必然出现，但不能指出它发生的具体形式。

2. 生长阶段

由于上述基本原因，会出现企业管理缺陷，导致不安全环境和不安全行为出现，构成了生产过程中的事故隐患，即危险因素。

在这一阶段，事故处于萌芽状态，人们可以具体指出它的存在。此时，有经验的安全工作者已经可以预测事故的发生。

3. 发生阶段

当生产中的危险因素被某些偶然因素触发时，即发生事故。事故的触发因素包括人的不安全行为、物的不安全状态、环境的不安全条件。这些因素使事故发生并扩大，造成人员伤亡和财产损失。

理解事故的三个发展阶段，有助于预防事故。

（二）事故的防治措施

根据国内外已有的研究结果，如果每个人工作的同时都注意保护自己和他人，则事故是可以防止的。国内外的研究成果已经证实，识别并排除不安全行为、不安全状态和不安全条件，仅仅是制定有效的事故防范计划的一系列步骤中的一个环节。基于排除基本原因，制定安全生产政策（包括谨慎地挑选和培训工人、安全生产管理人员和主要负责人），加强煤矿安全管理，定期检查所有的工作过程，制定安全检查程序并经常修改其不足之处，是煤矿安全管理的重要基础。在实际工作中，具体的事故防范必须要从以下三个层次进行。

1. 第一个层次——基于基本原因的防治措施

在确定每个事故的基本原因时，应进行专门调查，首先分析存在的危险；其次，分析每项工作的各个程序，并对出现的事故进行调查。事故调查用于制定行之有效的安全方针政策，树立安全生产意识，同时要注意确定各种可能引发事故的个人因素和环境因素。

2. 第二个层次——基于间接原因的防治措施

必须尽力排除矿井中的不安全行为、不安全状态和不安全条件。最得力的一个措施：保存所有隐患和事故的准确记录，并定期检查这些记录，以确定隐患或事故发展趋势并决定采取的应对措施。此外，必须促进一般从业人员、安全生产管理人员和主要负责人共同努力搞好安全生产。

要特别重视这些方面：必须加强安全作业；制定相应的教育和培训方案（包括正式培训和非正式培训，如定期安全教育、工作更换培训等）；改善工作环境和程序，使从业人员便于安全操作；分配任务应注意与从业人员能力相当，必须考虑到各种因素；设备和装置的设计必须适当，必须按时进行有效的检查和精心的保养。

3. 第三个层次——基于直接原因的防治措施

一旦发生事故，必须特别注意保护人身安全和财产安全。尽可能有效地降低事故中的过量能量或危险物质的危害。在直接救灾措施不能奏效时，应采用各种防范措施和装备（如佩戴个人防护用品、砌筑避灾硐室等）保护现场作业人员，并安排医护人员和急救车进行急救。

二、顶板事故防治

（一）预兆

1. 顶板预兆

顶板连续发生断裂声；顶板掉渣；顶板裂缝增加或裂隙张开；顶板脱层。

2. 煤壁的预兆

由于冒顶前压力增加，煤壁受压后，煤质变软，造成片帮增多。

3. 支架预兆

支架折断、压劈，并发出声响；支柱急剧下缩并发出强烈的摩擦声；单体支柱自动放液；铰接梁扁销子被挤出；支架大量压入底板。

4. 其他预兆

瓦斯涌出量突然增大；有淋水的顶板，淋水增大。

（二）掘进工作面冒顶事故的原因

1. 地质方面的原因

巷道围岩松软或极易风化，如煤、页岩等；巷道围岩节理裂隙发育；巷道通过断层、褶曲等构造变动剧烈地带，岩层破碎；巷道穿过岩层的岩性突然发生变化，在其交界处易产生塌冒，如石门揭煤。

2. 设计不合理原因

巷道位置选择不当，使巷道处于松软岩层中；缺乏详细的地质和水文地质资料，使施工缺乏指导，缺少应变措施；支护形式与结构不合理，不足以承受地压等。

3. 施工方面的工作失误原因

对巷道穿过松软岩层缺乏准备；施工措施不当或错误；不是一次成巷，围岩暴露时间过长，造成风化、松动，引起塌冒；支护不符合设计要求，不按作业规程要求架设，忽视质量，使支架不能发挥作用，支架失稳引起塌冒；工作面控顶距离过长，临时支护失效；在松软层中施工，炸药量使用过大，破坏了围岩的稳定性；不进行工作面敲帮问顶工作，对检查和处理浮石重视不够、不及时引起浮石坠落等。

三、掘进工作面防尘

（一）综掘工作面防尘技术

综掘工作面的主要尘源是掘进机截割头截割煤、岩处。采取的主要防尘措施是利用除尘器并结合长压短抽混合式通风系统进行除尘，采用高压喷雾方法进行除尘。带式输送机转载点是又一尘源，采用“转载点气流循环除尘装置”，控制粉尘扩散。

1. 除尘器除尘技术（掘进机除尘器）

干式布袋除尘器通风除尘系统由抽出式风机、压入风筒、风流转换器（由附壁风筒及供风控制器组成）、吸尘口等组成，由单轨吊吊挂及行走独立布置，不与掘进机发生直接关系。用于巷道断面积 10 m^2 以上，并采用压入式供风的掘进工作面，干式布袋除尘器对呼吸性粉尘的除尘效率可达 90% 以上。

2. 高压喷雾降尘技术（截割头内外喷雾）

高压喷雾系统由高压水泵、水箱、高压管路、喷雾架及高压喷嘴等组成。喷嘴布置在喷雾架上，喷雾架安装在掘进机的截割悬壁上，由高压喷嘴喷出的密集雾状液滴将截割头包围起来，阻止粉尘扩散并强制将其捕获。

（二）机掘工作面除尘技术

在中、小断面煤及半煤岩巷道，利用机载配套除尘风机进行除尘。除尘设备与掘进机成为一体，随掘进机整机运输，除尘风机设置在掘进后载机上，抽尘口布置在切割工作机构悬臂两侧，距切割头 1.5 m 并随切割头任意运动；抽尘风筒可用伸缩负压风筒；除尘方式为湿式过滤。除尘器除尘效率大于 98%。

（三）炮掘工作面综合防尘技术

1. 打眼防尘技术

该技术主要采用湿式打眼。在缺水和不宜用水地区，使用凿岩机打眼时采用干式孔口捕尘器。

2. 爆破防尘技术

常规方法是使用水炮泥，爆破前、后冲洗岩帮及爆破喷雾。爆破喷雾已由低压喷雾发展到高压喷雾和风水喷雾，由手动喷雾发展到冲击波自动喷雾和声控自动喷雾。

3. 装岩洒水喷雾防尘技术

装岩前向岩堆洒水湿润，使用装岩机装岩时实施自动喷雾。

4. 通风排尘和水幕净化风流技术

为保证巷道风流的清洁，在巷道内安设风流净化水幕。

5. 锚喷支护防尘技术

一般多采用湿式液压锚杆钻机打眼。干式打眼时采用干式孔口捕尘器，或采用泡沫防尘方法将混凝土预湿成潮料。利用除尘器将混凝土喷射机上料口、余气口和结合板处产生的粉尘以及喷射混凝土时产生的回弹浮游粉尘吸走、除掉。为保证除尘效果，可采用双环式喷枪和低风压近距离喷射技术。

6. 个体防尘技术

采取防尘措施后，作业场所的粉尘浓度仍未达到《煤矿安全规程》规定的卫生标准时，工作人员须佩戴个体防尘用具。

第二节　事故发生后的自救与互救

一、自救与互救基本知识

矿井发生事故后，矿山救护队不可能立即到达事故地点。实践证明，矿工如能在事故初期及时采取措施，正确开展自救互救可以减小事故危害程度，减少人员伤亡。

所谓自救，就是矿井发生意外灾害事故时，在灾区或受灾变影响区域的每个工作人员为避灾和保护自己而采取的措施及方法。而“互救”则是在有效地自救前提下为了妥善地救护他人而采取的措施及方法。自救和互救的成效如何，决定于自救和互救方法的正确性。

为了确保自救和互救有效，最大限度地减小损失，每个入井人员都必须熟悉所在矿井的灾害预防和处理计划；熟悉矿井的避灾路线和安全出口；掌握避灾方法，会使用自救器；掌握抢救伤员的基本方法及现场急救的操作技术。

二、发生事故时现场人员的行动原则

矿井发生灾害事故时，灾区人员正确开展救灾和避灾，能有效地保证灾区人员的自身安全和控制灾情的扩大。大量事实证明，当矿井发生灾害事故后，矿工在万分危急的情况下，依靠自己智慧和力量，积极、正确地采取救灾、自救、互救措施，是最大限度地减少事故损失的重要环节。

1. 及时报告灾情

发生灾变事故后，事故地点附近的人员应尽量了解或判断事故性质、地点和灾害程度，并迅速地利用最近处的电话或其他方式向矿调度室汇报，并迅速向事故可能波及的区域发出警报，使其他工作人员尽快知道灾情。在汇报灾情时，要将看到的异常现象（火烟、飞尘等）、听到的异常声响、感觉到的异常冲击如实汇报，不能凭主观想象判定事故性质，以免给调度人员造成错觉，影响救灾。这在我国煤矿救灾中是有沉痛教训的。

2. 积极抢救

灾害事故发生后，处于灾区内以及受威胁区域的人员，应沉着冷静。根据灾情和现场条件，在保证自身安全的前提下，采取积极有效的方法和措施，及时投入现场抢救，将事

故消灭在初始阶段或控制在最小范围，最大限度地减少事故造成的损失。在抢救时，必须保持统一的指挥和严密的组织，严禁冒险蛮干和惊慌失措，严禁各行其是和单独行动；要采取防止灾区条件恶化和保障救灾人员安全的措施，特别要提高警惕，避免中毒、窒息、爆炸、触电、二次突出、顶帮二次垮落等次生事故的发生。

3. 安全撤离

当受灾现场不具备事故抢救的条件，或可能危及人员的安全时，应由在场负责人或有经验的老工人带领，根据矿井灾害预防和处理计划中规定的撤退路线和当时当地的实际情况，尽量选择安全条件最好、距离最短的路线，迅速撤离危险区域。在撤退时，要服从领导、听从指挥，根据灾情使用防护用品和器具；遇有溜煤眼、积水区、垮落区等危险地段，应探明情况，谨慎通过。灾区人员撤出路线选择的正确与否决定了自救的成败。

4. 妥善避灾

如无法撤退（通路被冒顶阻塞、在自救器有效工作时间内不能到达安全地点等）时，应迅速进入预先筑好的或就近地点快速建筑的临时避难硐室，妥善避灾，等待矿山救护队的援救，切忌盲动。事故现场实例表明：遇险人员在采取合适的自救措施后，是能够坚持较长时间而得救的。

三、在避难硐室内避难时注意事项

（1）进入避难硐室前，应在硐室外留有衣物、矿灯等明显标志，以便救护队发现。

（2）待救时应保持安静，不急躁，尽量俯卧于巷道底部，以保持精力、减少氧气消耗，并避免吸入有毒有害气体。

（3）硐室内只留一盏矿灯照明，其余矿灯全部关闭，以备再次撤退时使用。

（4）间断敲打铁器或岩石等发出呼救信号。

（5）全体避灾人员要团结互助、坚定信心。

（6）被水堵在上山时，不要向下跑出探望。水被排走露出棚顶时，也不要急于出来，以防 SO_2、H_2S 等气体中毒。

（7）看到救护人员后，不要过分激动，以防血管破裂。

第三部分
巷道掘砌工中级技能

第七章

施工前的准备

第一节　巷　道　施　工

一、大断面巷道施工方法

矿井的井底车场和硐室一般断面较大，长度较小，服务年限较长。因其用途不同，形状、规格、结构差异甚大，施工中有各自的特点和要求，而突出的问题是选择合理的大断面施工方法，做到安全施工。硐室施工方法一般有全断面施工法、分层施工法和导硐施工法三种。

1. 全断面施工法

全断面施工法是按硐室的掘进断面一次钻眼、分次爆破，利用矸石堆作为打上部眼和拱顶锚杆眼及安装锚杆的工作台的掘进方法。它适用于稳定和基本稳定的围岩情况下，掘进断面不大于 15 m^2、高度小于 4 m 的硐室和巷道。

当前多采用锚喷支护。根据围岩的稳定程度不同，掘进与锚喷的方式有：

（1）围岩稳定时，常采用先掘一定距离，再锚顶后锚帮，最后喷浆的方式。

（2）围岩中等稳定时，可采用两掘一锚喷或三掘一锚喷的方式。

（3）围岩的节理、裂隙发育，稳定性较差时，宜采用一掘一锚喷的方式。必要时也可打超前锚杆或掘后先喷一层砂浆再打锚杆，然后再喷射混凝土。

2. 分层（台阶工作面）施工法

台阶工作面施工法就是将掘进工作面分成 2 ~ 3 个分层（每个分层的高度一般为1. 8 ~ 2. 5 m），上分层（或下分层）工作面始终超前于下分层（或上分层）一定距离，形成分层（台阶）工作面同时施工。由于工作面的布置方式不同，可分为正台阶工作面和倒台阶工作面两种。

1）正台阶工作面施工法

将硐室分成上下两个分层，先掘上分层 3 ~ 5 m，爆破后，应及时锚喷或架设临时支架护顶。然后上下分层同时掘喷或掘支。当永久支护采用砌碹时，多采用先墙后拱的施工方式。若顶板不稳定，也可采用先拱后墙的施工方法。此时，为了防止卧底砌墙时拱顶下沉，往往保留拱基线下的岩柱不一次掘出，待砌墙时，再逐段用风镐刷出；或者在拱基处用砌筑小壁座以承托碹拱。每分层的高度最大不应超过 3. 0 m。

2）倒台阶工作面施工法

先掘下分层使其超前上分层3～5 m，并进行临时支护。或将下分层全长掘砌（锚喷）完成后，再由外向里或掘支上分层。

台阶工作面施工法应用在岩层稳定或比较稳定的条件下。正台阶工作面施工法，工作安全可靠，适用范围广泛，倒台阶工作面施工法的挑顶爆破效率高，装岩方便。

3. 导硐施工法

在松软破碎的岩层施工断面较大的硐室时，先掘进1～2条小断面巷道（导硐），然后再行开帮、挑顶或挖底，将其扩大到硐室设计断面，并进行永久支护。导硐的断面一般为4～8 m^2，高度和宽度一般小于2 m。根据其位置和围岩性质不同，主要有以下几种方式。

1）下导硐施工法

导硐位于硐室的中下部并沿底板掘进，一般导硐沿硐室的全长一次掘出，然后进行开帮、挑顶，并完成永久支护工作。

中央下导硐施工法适用于稳定或中等稳定的围岩。但采用先拱后墙施工方法时，也可适用于围岩稳定性较差、掘宽为4～5 m的硐室施工。

2）上导硐施工法

砌碹的硐室应架设临时支架。若采用锚喷永久支护，施工会更简单、安全。此法适用断面较大但长度不大的硐室中。一般在导硐中不铺设轨道。该施工法适用于不同稳定程度的各类岩层。

3）两侧导硐施工法

此法适用于稳定性较差的松软岩层和掘进宽、高大于6 m的硐室。采用砌碹支护时，首先沿两帮开掘导硐，逐步向上扩大并随之砌墙，然后掘拱、立模砌拱，最后清除中间的岩石柱。采用锚喷支护时，两侧的导硐可沿硐室全长一次掘出，随掘随支，然后进行挑顶并完成拱部锚喷工作，最后清除中间岩柱。

大断面硐室施工中，除选择安全可靠的施工方法，严格按顺序施工外，还应注意以下安全技术事项：

（1）加强顶板管理是大断面硐室施工安全的关键，必须严格按作业规程作业。进入掘进工作面要敲帮问顶，挑掉浮矸、危岩，不准超过控顶距作业，班班检查，加固临时支架，保证可靠的安全退路。

（2）硐室各段掘砌工作面应相互配合、统一指挥，各工种、工序平行交叉作业时要确保相互间的安全施工。如一处爆破时，硐室施工人员要全部撤出；后面挑顶，前面的人员也要撤出等。

（3）严格工程质量，不安全不施工。特别是采用砌碹支护时，不但拱墙要分砌而且要分段施工，加之拱高、墙高，一定要确保基础坚固，接茬严密可靠，达到足够的强度。施工用的脚手架要坚固、牢靠，用完要及时拆除，放到安全地点。

（4）做到一次成巷，施工中发现问题要及时处理。对留设的岩柱要妥善保护，破除岩柱时不准崩坏已完成的永久支护等。

二、弯道施工方法与安全

巷道施工中，经常遇到曲线段巷道（弯道）。弯道必须按设计曲率半径掘进，巷道中线的延伸、工作面炮眼布置、支护和装岩机的使用等具有以下特点和要求。

1. 巷道中线延伸

准确地掌握巷道前进方向是保证弯道施工质量的主要因素。适合工人掌握的是用延长弦的方法制成曲线规尺。

2. 炮眼布置

由于弯道外侧较内帮长，要使巷道沿设计曲线前进，每茬炮的进尺外帮就要比内帮大，掏槽眼的位置向外帮适当偏移，同时外帮的帮眼要适当加深，并相应增加装药量；相反，内帮的炮眼深度要减小。进入直线后，恢复原直线炮眼布置，但当采用随掘进随架设普通临时木支架时，为了防止爆落矸石崩倒支架，靠外帮的炮眼应稍多装些药，以便使爆落的矸石沿合力方向朝巷道中心线方向飞落，不致偏向外帮打倒棚腿。

3. 支护

采用棚式支架时，顶梁的方向应正对曲线圆弧的圆心，呈扇形排列。由于外帮的棚距比内帮大，架设支架时一定要注意掌握好外帮、内帮及巷道中心线上的三个间距，并使顶梁中心正对巷道中心线。

4. 耙斗装岩机在弯道中的使用

耙斗装岩机在曲线段巷道装岩时，由于各巷道的曲率大小不同，以及耙斗装岩机距工作面的远近不同，耙斗往往不能直接在工作面把矸石扒到机体装车，因此就要分次扒运矸石。首先将工作面矸石扒到拐角处，然后摘掉双滑轮，并将尾轮挂于拐角处固定楔上，然后再将堆于拐角处的矸石扒运装车。

当装岩司机看不到工作面耙斗扒矸情况时，可设专人以矿灯为信号与司机联系，指挥扒矸。

曲线段巷道采用耙斗装岩时，在耙斗运行段内最好不设带腿的支架，以免耙斗运行中将其拉倒，造成事故。

第二节　巷道施工测量

在井巷开拓和采矿工程设计时，对巷道的起点、终点、方向、坡度、断面规格等几何要素，都有明确的规定和要求。巷道施工时的测量工作，就是根据设计要求，将其标定在实地上，其中主要的测量工作就是给出巷道的中线和腰线。

中线是巷道在水平面内的方向线，通常标设在巷道顶板上，用于指示巷道的掘进方向。巷道腰线是巷道在竖直面内的方向线，标设在巷道帮上，用于控制巷道掘进的坡度。每个矿的腰线高于轨面设计高程应为一个定值。

第八章

巷道掘进

第一节　钻岩爆破技术

一、爆破基本知识

1. 爆破器材选择

（1）我国目前使用的矿用炸药有硝铵类炸药和含水炸药（乳化、浆状、水胶炸药）。当穿过瓦斯地段时，应采用煤矿硝铵炸药和煤矿含水炸药；对于坚硬岩石可考虑采用粉状高威力炸药。

（2）起爆材料一般采用 8 号电雷管。其中瞬发雷管、秒延期雷管和毫秒延期雷管都能满足巷道爆破的起爆要求，但是在穿过瓦斯地段时，不能选用秒延期雷管，总延期时间也不能大于 130 ms。在采用光面爆破时，一般认为周边眼同时起爆效果较好，因此多采用毫秒雷管。

2. 装药前的准备工作

炮眼打完后，把掘进工作面所打的眼全部用高压风吹一遍，把里边的岩粉吹净，然后把钻岩工具收起，并做好爆破前的准备工作。

《煤矿安全规程》规定：爆破作业必须执行“一炮三检”和“三人连锁爆破”制度。首先要检查并加固工作面附近的棚子，预防崩倒。爆破母线要挂在巷道侧帮上，并且要和金属物体、电缆、电线离开一定距离。装药前要检查爆破母线是否通电，检查炮眼布置是否符合爆破图表。在规定的安全地点装配起爆药包（引药），检查工作面 20 m 范围内的瓦斯含量，瓦斯浓度达到 1% 时，必须采取措施使瓦斯浓度降低后，方可进行装药。

3. 装药和装药结构

装药时，要细心将药卷装到眼底，不要擦破药卷，不得弄错雷管段号，不得拉断雷管脚线。有水的炮眼，尤其是底眼，必须使用防水药卷或加防水套，以免受潮拒爆。

装药结构按起爆药卷所在位置不同，有正向装药和反向装药两种形式。其中起爆药包位于柱状装药的外端，靠近炮眼口，雷管底部朝向眼底的起爆方法称为正向起爆；起爆药包位于柱状装药的里端，靠近或在炮眼底，雷管底部朝向炮眼口的起爆方法称为反向起爆。

不论是正向装药还是反向装药，起爆药包必须位于装药的一端，不得“盖药”或

“垫药”，所有药卷的聚能穴必须与传爆方向一致。

炮眼的填塞质量对提高爆破效率和减少爆破有害气体有很大的作用。《煤矿安全规程》规定，炮眼封泥必须使用水炮泥，水炮泥外剩余的炮眼部分应当用黏土炮泥或者用不燃性、可塑性松散材料制成的炮泥封实。水炮泥的作用是能消尘并减少有害气体。

4. 联线

联线就是把各炮眼中的雷管脚线与爆破母线连好接通，然后通电起爆。

联线时必须将雷管脚线的接头刮净并扭结牢固。和爆破母线连接前，要先检查母线是否有电，如若有电，一定要查明原因，彻底排除杂散电流的干扰，然后才能与脚线相连。连线前，远离工作面一头的母线应扭结在一起，以防杂散电流经母线形成通路。联线时，无关人员应撤离工作面，以保证安全。

装药、联线工作应建立岗位责任制，做到定人、定眼、包装、包联，并设专人检查。脚线连接工作可由经过专门训练的班组长协助爆破工进行，爆破母线连接脚线、检查线路和通电工作只准爆破工一人操作。

二、光面爆破

光面爆破（简称光爆）是近几十年发展起来的一项爆破技术。应用光爆可使掘出的巷道轮廓基本符合设计要求，表面光滑，成形规整，便于进行锚喷支护；由于岩帮基本不受破坏，故裂隙少、稳定性高，有利于巷道的维护。所以，光爆是一种成本低、质量好的爆破方法。

光面爆破的标准一般规定：①眼痕率：硬岩不应小于 80%，中硬岩不小于 50%。②软岩巷道周边成型符合设计轮廓。③两轮的衔接台阶尺寸：眼深小于 3 m 时不得大于 150 mm，眼深为 5 m 时不得大于 150 mm。④岩面不应有明显的炮震裂痕。⑤巷道周边应有明显的欠挖。平均线性超挖值应小于 200 mm。

第二节　矸　石　装　运

岩石平巷施工中，装岩工作是最费时、最繁重的工作，一般情况下它占掘进循环的 35%～50%。因此做好装岩工作，与提高效率、加快掘进速度、改善劳动条件及降低成本关系密切。装岩工作包括装岩和车辆运输两项工作，这两项工作必须做到配备人员适当，协调一致，操作熟练，机械故障少等才能取得较好的工作效果。

目前国内已生产出各种类型、适应不同条件的装岩机械调运设备，并且正在逐步予以配套，形成装岩工作的机械化作业。组织好装岩工作，必须熟悉装运设备的工作条件、机械性能、配套方法和存在的问题及其潜力等。

一、常用装岩设备

装岩机的类型，如按照用途分类有平巷用、斜巷用、装煤用、装岩用四种；按照行走方式分有轨轮式、履带式、轮胎式三种；按照使用动力分有电动、风动和内燃机驱动；按照工作机构分类更多，其中井下常用的有后卸式、铲斗侧卸式、耙斗式、蟹爪式及立爪式等。

1. 铲斗式装载机

铲斗式装载机有后卸式和侧卸式两大类。其工作原理和主要组成部分基本相同。一般包括铲斗、行走、操作、动力几个主要部分。工作时将铲斗插入碎石，铲满后将碎石卸入转载设备或矿车中，工作过程为间歇式。

1）铲斗后卸式装载机（图 8－1）

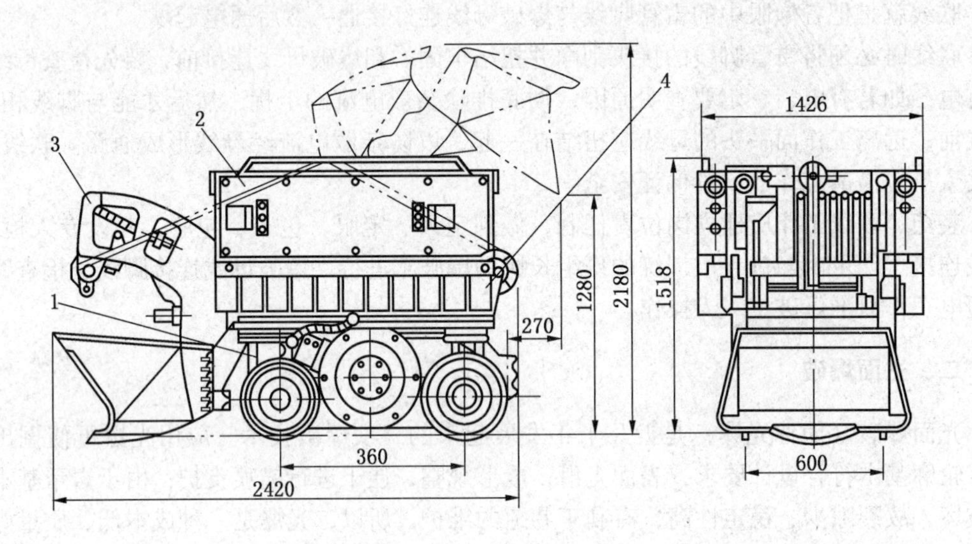

1—行走部分；2—铲斗；3—回转部；4—回转台

图 8－1　Z－20B 型电动装载机

装岩时，通过操纵箱操纵装岩机沿轨道冲入岩堆，铲斗装满岩石后后退，并同时提起铲斗把岩石向后翻卸入矿车，即完成了一个装岩动作。随着装岩工作面向前推进，必须延伸轨道。延伸轨道的方法，多用辅助轨道，如临时短道或爬道（图 8－2），其中爬道比较可靠，并且节约时间。

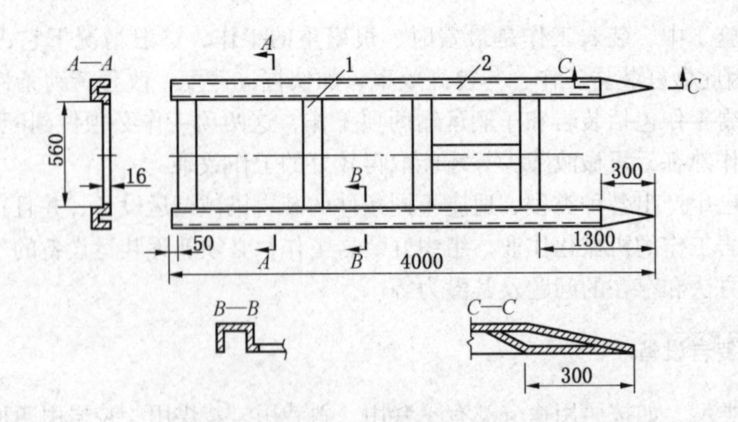

1—连接板；2—爬道（角钢 160 mm × 160 mm × 160 mm）

图 8－2　爬道

2）侧卸式装载机（图8－3）

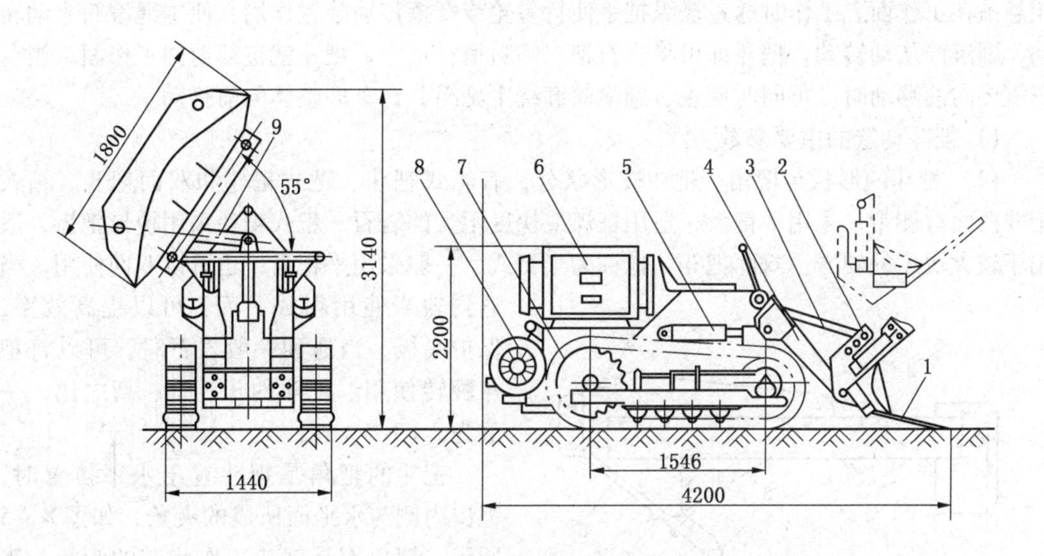

1—铲斗；2—铲斗座；3—连杆；4—铲斗臂；5—提升油缸；
6—防爆开关；7—履带；8—电动机；9—侧卸油缸

图8－3 ZC－2型侧卸式装岩机

为了适应大断面巷道，这类装载机一般采用履带式或胶轮式行走机构，装载宽度较大，设计生产能力较高，它在装岩时与一般铲斗式装载机相同，不同的是可向左右任意一侧卸载，可与装载机或其他运输设备组成装岩作业线。

2. 耙斗式装载机

耙斗式装载机按其传动方式不同，分为行星轮式和摩擦式两种，前者已初步形成系列。耙斗式装载机主要由绞车、耙斗、台车、槽子、滑轮组、固定装置、固定楔等几部分组成，如图8－4所示。

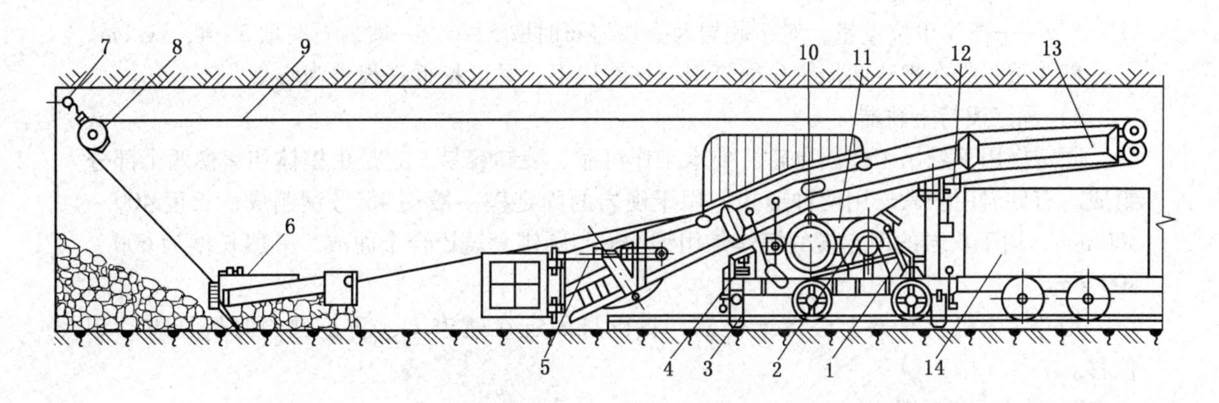

1—连杆；2—主副滚筒；3—卡轨器；4—操作手把；5—调整螺丝；6—耙斗；7—固定楔；8—尾轮；
9—耙斗钢丝绳；10—电动机；11—减速器；12—架绳轮；13—卸料槽；14—铲车

图8－4 耙斗装载机总装示意图

耙斗装载机在工作中用固定装置（卡轨器）将台车固定在轨道上，并用固定楔将尾轮悬吊在工作面。工作时通过操纵把手使行星轮或摩擦传动装置作用，使主绳滚筒主动转动，副滚筒从动转动，耙斗即可将岩石耙入卸料槽；反之，耙斗就空载返回工作面。当台车需要向前移动时，可同时使主、副滚筒缠绕主副绳，台车即整体向前移动。

1）耙斗构造的主要参数

（1）耙斗的形状与耙角。耙斗按形状分，有箱式耙斗、耙式耙斗和双面耙斗。箱式耙斗两面有侧帮，采用平耙齿，适用耙煤或块度不大的岩石。耙式耙斗采用梳形耙齿，适用于较大块度的硬岩。双面耙斗，也称为半箱式，一般采用平耙齿，也可以双面使用，当遇到软岩使用箱式一面，可以提高效率，保护底板。当遇到一般岩石时，可以将耙斗翻转使用。耙斗的长、宽、高之比，一般为2∶1.5∶1。

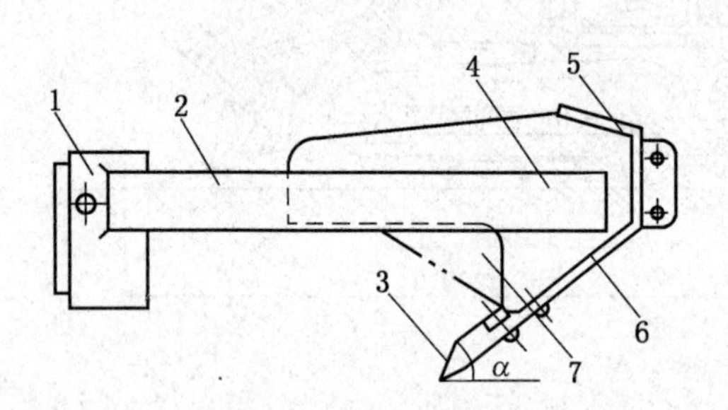

1—碰头；2—拉板；3—耙齿；4—侧帮；5—尾板；6—尾帮；7—三角附加钢板；α—耙角

图8－5　耙斗

耙斗的耙角是耙斗置于水平位置时，耙齿内侧与水平面所成的夹角，如图8－5所示。耙角不是耙斗工作状态的倾角，当工作时，碰头将抬起，此时耙齿与水平的夹角为工作状态的倾角，称为插入角。插入角过大时，耙斗易在岩堆上跳跃，过小时则耙斗插入阻力增大，故一般在水平巷道或上山巷道多采用50°～55°耙角。耙齿材料多采用高锰钢（13锰），并且用活齿，便于更换。

（2）耙斗的重量与重心。耙斗的插入角、重量与重心的位置决定于耙斗插入岩石的难易程度，耙斗的重量可按下式公式计算：

$$p = bq$$

式中　p——耙斗重量，kg；

b——耙斗宽度，cm；

q——耙斗单位重量，对于硬岩及大块岩石时取5～6，一般岩石时取3～4，kg/cm。

耙斗重心应在耙斗两端钢丝绳牵引点连线以下，并以接近耙齿尖为宜。

2）固定楔与卡轨器

固定楔用于悬吊工作面尾轮，要求工作可靠、装卸容易。它是由楔体和紧楔两个部分组成。有硬岩用和软岩用两种形式，用于硬岩的固定楔一般用45号钢制成，长度400～500 mm，用于软岩的固定楔的楔体是用钢丝绳与圆锥套铸铅合金而成，一般长度为600～800 mm。

耙斗装岩机机车架上装有卡轨器，将机身固定在轨道上，防止耙岩时机器震动和位移。

3. 蟹爪式装载机

它的特点是装岩工作连续，其主要组成部分有蟹爪、履带行走部分、输送机、液压系统和电器系统等。

这类装载机前端的铲板上设有一对由偏心轮带动的两个蟹爪，由电动机驱动不断扒取岩石。岩石经刮板输送机运到带式输送机上，然后装入运转设备，或者不设胶带机，由刮板机直接装入运转设备。输送机的上下左右摆动，以及铲板的上下移动都有液压驱动。机器利用履带行走，工作时履带可作慢速推进，使装载机徐徐插入岩堆。

这类装载机生产能力大，工作连续，产生粉尘较少，装岩宽度不受限制，辅助工作量小，易于组织机械化作业线。

4. 刮板输送机

各种类型的刮板输送机的主要结构和组成的部件基本是相同的，它由机头、中间部和机尾部等三个部分组成。机头部由机头架、电动机、液力耦合器、减速器及链轮等件组成。中间部由过渡槽、中部槽、链条和刮板等件组成。机尾部是供刮板链返回的装置。

刮板输送机的工作原理：将敞开的中部槽作为煤炭、矸石或物料等的承受件，将刮板固定在链条上（组成刮板链），作为牵引构件。当机头传动部启动后，带动机头轴上的链轮旋转，使刮板链循环运行带动物料沿着中部槽移动，直至到机头部卸载。刮板链绕过链轮作无极闭合循环运行，完成物料的输送。

5. 带式输送机

带式输送机主要由头架、驱动装置、传动滚筒、尾架、托辊、中间架、尾部改向装置、卸载装置、清扫装置、安全保护装置等部件组成。输送带绕经传动滚筒和机尾换向滚筒形成一个无极的环形带。输送带的上、下两部分都支承在托辊上。拉紧装置给输送带以正常运转所需要的拉紧力。工作时，传动滚筒通过它和输送带之间的摩擦力带动输送带运行。物料从装载点装到输送带上，形成连续运动的物流，在卸载点卸载。一般物料是装载到上带（承载段）的上面，在机头滚筒卸载，利用专门的卸载装置也可在中间卸载。输送带是带式输送机的承载构件，带上的物料随输送带一起运行，机架上装有皮带辊筒、托辊等，用于带动和支承输送带。有减速电机驱动和电动滚筒驱动两种方式。常用的带式输送机可分为普通帆布芯带式输送机、钢绳芯高强度带式输送机、全防爆下运带式输送机、难燃型带式输送机、双速双运带式输送机、可逆移动式带式输送机、耐寒带式输送机等等。

带式输送机具有输送量大、结构简单、维修方便、部件标准化等优点，广泛应用于矿山、冶金、煤炭等行业，用来输送松散物料或成件物品。根据输送工艺要求，可单台输送，也可多台组成或与其他输送设备组成水平或倾斜的输送系统，以满足不同布置形式的作业线需要，适用于输送堆积密度小于1.67 t/m^3，易于掏取的粉状、粒状、小块状的低磨琢性物料及袋装物料，如煤、碎石、砂、水泥、化肥、粮食等。其机长及装配形式可根据需要确定，传动可用电滚筒，也可用带驱动架的驱动装置。

二、装岩时必须遵守的安全规定

（1）必须坚持使用装载机上所有的安全保护装置和设施，不得擅自改动或甩掉不用。

（2）严格执行交接班制度，交接好设备的运转情况、存在的安全隐患并做好交接班记录。

（3）在淋水条件下工作，电器系统要有防水措施。

（4）检修或检查装岩（煤）机必须遵守下列规定：

① 装岩（煤）前，必须在矸石或煤堆上洒水和冲洗巷道顶帮。

② 装岩（煤）机必须有照明装置。

（5）井下使用耙装机作业时，要遵守下列规定：

① 耙装机作业时必须照明。

② 耙装机绞车的刹车装置必须完整、可靠。

③ 必须装有封闭式金属挡绳栏和防耙斗出槽的护栏；在拐弯巷道装岩（煤）时必须使用可靠的双向辅助导向轮，清理好机道，并有专人指挥和信号联系。

④ 耙装作业开始前，甲烷断电仪的传感器，必须悬挂在耙斗作业段的上方。

⑤ 固定钢丝绳滑轮的锚桩及其孔深与牢固程度，必须根据岩性条件在作业规程中作出明确规定。

⑥ 在装岩（煤）前，必须将机身和尾轮固定牢靠。严禁在耙斗运行范围内进行其他工作和行人。在倾斜巷道移动耙装机时，下方不得有人。倾斜井巷大于20°时，在司机前方必须打护身柱或设挡板，并在耙装机前方增设固定装置。倾斜井巷使用耙装机时，必须有防止机身下滑的措施。

⑦ 耙装机作业时，其与掘进工作面的最大和最小允许距离必须在作业规程中明确规定。

⑧ 高瓦斯区域、煤与瓦斯突出危险区域煤巷掘进工作面，严禁使用钢丝绳牵引的耙装机。

三、机械运输注意事项

1. 刮板输送机

刮板输送机用于煤巷、半煤巷掘进工作面运输，具有速度快、效率高、劳动强度低、安全条件好等优点，因而被广泛用于掘进运输上。

（1）安装、移设刮板输送机时，必须将机头与过渡槽的连接螺栓安装齐全紧固，在机头下部的撬板上加打压柱，防止机头翻翘。压柱不得打在减速器或机头壳上。为了防止机尾翻翘，机尾也必须打压柱。同时，机头铺设位置和高度应适当，防止浮煤带入下槽，增加下槽阻力或使刮板链卡阻，造成机头或机尾翻翘。

（2）铺设或延接溜槽时，应注意铺平摆直放稳，链条松紧适中，避免运转时链跑偏、飘链、掉链、卡链等事故的发生。

（3）刮板输送机不得超负荷强行启动。因负荷过大出现闷车，启动2次（每次不超过15 s）输送机仍不能正常运转时，必须卸掉中部槽上的煤，启动后，再将煤装入中部槽中。多台机启动时，应先外后里，最后启动工作面输送机；停刮板输送机时应先里后外，先停工作面输送机。停机后不要再向刮板输送机上装煤。

（4）在输送机运转过程中，应随时注意刮板链的运行状况，经常检查电动机、减速器和轴承的温度，倾听各运转部位的声音，及时清理洒落在机头部的煤粉。

（5）刮板输送机运送长物料时的操作顺序：放料时，先放前端，后放尾端；取料时，先取尾端，后取前端。以免取放不当致长物料顶伤人员。

（6）处理输送机飘链时，应停止截煤和装煤作业，调整链槽的平亘度，严禁用脚蹬、手搬运转中的刮板链。

（7）点动开车进行掐、接链工作时，人员必须躲离链条受力方向，以防断链伤人。

（8）输送机运转过程中，禁止清理转动部位的煤粉，不准人员从机头上部通过，严禁刮板输送机乘人。

2. 带式输送机

带式输送机在煤矿井下主要用于平巷、斜井及上下山输送煤炭，一般向上运送原煤时，最大倾角允许20°，运送煤块时为18°。与刮板运输机相比较，其运输能力大，工作阻力小，耗电量低，运送过程中抛撒煤炭少，破碎性也小，因而降低了煤尘和损耗。

带式输送机的类型很多，常用的有吊挂式带式输送机和固定带式输送机。使用带式输送机注意事项有如下方面。

1）开机前的检查

（1）带式输送机工作之前，必须仔细检查液力耦合器有无漏油现象，油量是否充足，各个防护罩是否齐全，出现问题及时处理。

（2）检查带式输送机机头部及尾部有无障碍物，减速机油量是否充足，齿轮磨损是否过度。

（3）检查输送带张紧是否合适，接头连接是否良好，输送带有无损伤等。

（4）检查机器周围是否清洁，电机周围不允许有浮煤，要保证电机、液力耦合器和减速机有良好的散热条件。

（5）检查机头、机尾中各滚筒、托辊、吊架的位置是否与输送机的中心线保持垂直。

2）运行中的注意事项

（1）尽量避免频繁启动电动机，一般情况下要空载启动。

（2）运转中要注意托辊的转动情况，要定期检修，保证润滑良好，转动灵活。

（3）随时注意输送带的张紧情况，出现打滑现象要及时张紧，保持张紧力适当。如遇输送带跑偏要及时调整，以免其边缘磨损。

（4）检查输送带接头情况，出现破裂和折断现象时，要及时更换接头。

（5）经常检查输送带清扫装置工作情况。清扫刮板与输送带接触应严密，一定要使清扫后的输送带表面无浮煤等物。

（6）几台带式输送机在一条巷道中相接时，开车顺序是先外后里，停车顺序是先里后外。

3）输送带跑偏的处理

输送带跑偏是运行当中常见的一种故障，如不及时调整，会磨损输送带，摩擦起火。

输送带跑偏的调整方法，应根据输送带的运行方向和跑偏方向来确定。在换向滚筒处，输送带往哪边跑，就把哪边的滚筒逆输送带运行方向调动一点，也可以把另一边的滚筒顺着输送带的运行方向调动一点。在托辊处，输送带往哪边跑偏，就将哪边的托辊朝输送带运行方向移动一个距离，使托辊稍稍向前倾斜一点。就这样边调边试，直到调好为止。

3. 绞车运输

1）绞车的固定

（1）安设绞车时，绞车突出部位与轨道间距不得小于规程中的规定尺寸，且绞车安装方向要正。

（2）跟耙斗机移动的绞车，可以用立柱固定，其他绞车一律用地锚固定，并要符合规程的规定。

（3）倒拉绞车与耙斗机之间、各部绞车之间（对拉）及拉放范围内，都必须有清晰、灵敏、通畅、可靠的声光信号指挥，严禁说话、吹哨、摇头灯。

（4）各部绞车都必须挂有操作要领牌板，打点器、电铃等一律上牌板吊挂。

2）平巷绞车运输

（1）对拉绞车，要一拉一放，严禁全拉全放。所有车辆进出车场，两股道中间严禁有人。

（2）运送车辆，只有停稳并设好阻车器后，才准摘钩。

（3）必须按规定数量挂车，严禁超挂车。

（4）信号规定：一声停、二声拉、三声放、四声慢拉、五声慢放。

3）斜巷绞车运输

（1）斜巷上下车场，均应开凿安全躲避硐（兼作信号硐）。斜坡上按规定开凿安全躲避硐（兼作绞车硐）。

（2）斜巷各车场端必须设有可靠的阻车器。变坡点向上 20m，起坡点向上 20m 均应安设可靠有效的防跑车装置。

（3）斜巷运输，各矿车之间必须挂双链（双三环链），钩头连接必须牢固可靠，保险棍、木楔、保险绳必须齐全、合格。

（4）严格禁止绞车司机兼作摘挂钩工作，必须有专职把钩工进行操作。

（5）矿车掉道时，严禁绞车拉车上道。

（6）斜巷矿车落道上道方法，必须在作业规程中明确规定。

（7）各部绞车必须有专人管理和专人检查维修，并有记录。

（8）检查运输线路是否畅通，不准有任何障碍物；发现问题，及时处理；在未处理好以前，不准矿车运行通过。

第三节　综合掘进机

长期以来，矿山井巷掘进一直沿用着钻眼爆破法，这种破岩方法机械化程度低，劳动强度大，使巷道掘进速度和工效的提高受到限制。随着工业化的发展，对地下资源的需求量日益增加，迫切需要加快井巷工程的掘进速度。因此，人们对各种破岩方法及其应用进行了大量的研究工作，其中机械破岩的联合掘进机掘进法得到了发展和应用。

一、掘进机的主要结构

掘进机主要由切割、行走、装载、运输四大机构和液压、电气两大系统组成，通过各部分的协调和配合，最终由液压、电气执行元件和机械传动机构实现所规定的动作，完成整个作业过程。从而可以截割出任意形状的断面。

1. 截割机构主要结构及工作原理

截割机构主要由截割头、截割动力装置、内伸缩臂、外臂、伸缩油缸、外喷雾装置等部分组成。截割机构在升降油缸的作用下能完成上、下运动，在回转油缸的作用下能完成左、右运动，在伸缩油缸的作用下能完成截割头的钻进。截割动力装置由液压马达和减速器组成，将动力传递给截割头，完成截割头的钻进。工作臂由内伸缩臂和外臂组成，臂体承担着来自切割时的弯矩。其前端与切割头连接，截割头上装有矿用硬质合金截齿。在截割的同时，外喷雾压力水通过水管输送至外喷雾架的喷嘴喷射出水雾，达到降尘和防止产生火花的目的。

2. 行走机构主要结构和工作原理

行走机构由左右结构相同、完全对称的两部分组成，分别通过高强度螺栓和油箱连接成一体。左右行走机构分别由黄油缸、张紧装置、支重轮、履带、履带架、拖链轮、引导轮、驱动链轮和动力驱动装置等多部分组成。行走机构采用独立式驱动液压马达，其质量可靠、安装方便，液压装置有断油自动刹车系统，保证了掘进机不工作时不会下滑，增加了安全性。行走马达所提供的动力传输给行走减速器，直接带动驱动轮，再经履带和驱动轮的啮合而实现掘进机的行走。

3. 装载机构主要结构和工作原理

装载机构主要由铲板体、两个三爪星轮、两个装载马达等三大部分组成，其作用是将截割机构割落的矸（煤）铲起并运送到后面的输送机构上。装载机构与左右行走机构通过销轴铰接在一起，上部通过两只铲板油缸与泵站连接，在铲板油缸的伸缩作用下，装载机构可上下摆动。向下摆动可撑起机器，可使铲板前端紧贴地面，在机器切割煤岩时，以增加机器的稳定性；向上摆动抬起铲板有利于机器的爬坡。驱动装置包括液压马达和减速器，将动力传递给两个可相向旋转的星轮，使星轮以适当的转速进行周期性的装载动作。

4. 运输机构

运输机构将装载机构传递的物料运输到机器尾部的配套转载机、矿车、刮板机等物料运输设备中，形成一个连续不断的运输系统。

运输机构主要由输送槽、刮板链和刮板链张紧装置等组成。刮板链的张紧由布置在尾部输送机槽两侧的丝杠来完成，张紧后用螺丝紧固，防止松动。刮板驱动装置由油马达直接驱动六爪链轮，再带动刮板链将物料运到后面的其他配套运输设备上，结构简单，力传递环节少，可靠性高。刮板机运输平稳、均衡。

二、掘进机的操作和使用

1）只有经过相关部门培训的合格人员才允许操作。无关人员严禁操作使用。

2）工作时必须设置机载瓦斯断电仪或便携式瓦斯检测报警仪。

3）掘进机操作注意事项

（1）操作人员应遵守《煤矿安全规程》。

（2）与工作无关的人员未经许可，严禁操作掘进机。掘进机作业的转弯半径 2 m 内不准站人或从事其他工作。

（3）在开动机器前应发出工作信号（即电铃预警）使在场人员注意安全。

（4）掘进机在有坡度的巷道内停车或发生故障时，截割头必须落置地面，所有操作手柄扳回“中立”位置，并在履带下方垫楔块。

（5）在可能冒顶的工作面下方工作或停放时要有防护措施，不允许在有可能掉落煤块或煤矸石的场地工作。

（6）截割头下落时应缓慢，不可有剧烈冲击以免损坏截齿。

（7）工作面需爆破时，掘进机应行驶到安全警戒线以外。

（8）安装在液压系统的溢流阀和安全阀，生产厂家已调好，不允许操作及维护人员随意调整；在更换或修理等非调不可的情况下，必须用仪表测量。

（9）启用新机器时，一定要进行适当的磨合运转，使各部件得到良好的磨合，从而延长机器的使用寿命。新机器磨合运转的起初 50 h，负荷应在 80% 左右。

（10）一旦发生危急情况，必须用紧急停止开关（即急停按钮），立即切断电源。当故障处理完时，再将按钮向外拉出，然后启动。

（11）机器作业期间，严禁维修。在工作面有危险的地带和没有支护的顶板下，严禁维修。

（12）大块煤（矸）卡龙门时，必须人工破碎，不得强行正反运转运输机。

（13）巷道断水，外喷雾系统不能工作时不得开机工作。

（14）液压元件出现故障一定要按使用说明书规定排除。若主油泵、液压马达、阀类、油缸等出现故障，未经许可不准随便拆装。

（15）掘进机停止工作和检修以及交班时，必须将掘进机截割头落地，并断开掘进机上的电源开关。

（16）遇到下述情况不得开机：①巷道断水，喷雾冷却系统不能工作；②油箱中油位低于油标指示范围；③截齿损坏 5 把以上；④切割马达、截割头、伸缩臂之间重要连接部位的紧固螺栓松动；⑤电气闭锁和防爆性能遭到破坏；⑥液压油发生渗漏。

（17）机器在工作过程中若出现异常响声应立即停机查明原因，排除故障后方可开机。

（18）液压系统和冷却喷雾系统的压力不准随意调速，若需调速，须由专职人员进行。

（19）油箱的油温若超过 80 ℃时，须停机冷却，待降温后再开机工作。

（20）当发现液压系统压力值严重波动，溢流阀经常开启，系统产生噪声和严重发热时，立即停机检查。

（21）机器加油时须用洁净的容器，避免油质污染，造成元件损坏。

4）掘进机安全操作顺序

（1）先将闭锁急停按钮旋转弹出接通电源，再将电气控制箱上的隔离开关手柄打到接通位置。

（2）按信号预警，警报器发出声响。

（3）开启主驱动油泵电机和副驱动油泵电机，两泵工作。

（4）根据实际生产要求，按照液压操纵台和电气控制箱面板上的操作指示，完成各个动作。

5）截割工艺操作顺序

启动油泵电机—开动刮板运输机—启动装载星轮—启动截割马达。

三、掘进机的截割程序

掘进机的作业程序应由作业规程规定，一般应根据巷道断面煤岩的性质及分布情况，按照有利于顶板维护、钻进开刀，使截割阻力小、工作效率高，避免出现大块，有利于装截转运的原则确定截割程序。正确的截割程序：对于较均匀的中等硬度煤层，采取由上而下的程序。对于半煤岩巷道，采取先软后硬，沿煤岩分界线的煤侧钻进开切、沿线掏槽的程序；对于硬煤，则采取自上而下的程序，这样可避免截落大块煤岩而有利于装运；对于松软破碎顶板，采取先截割断面四周的方法。不论采用哪种截割程序，都应特别注意扫底。一般情况下，开始截割时，首先从左下角钻进，先沿底板水平扫底，将底板清理好后，再循序向上截割。

第九章 巷道支护

为了保持巷道的稳定性，防止围岩发生垮落或过大变形，巷道掘进后一般都要进行支护。锚喷支护在矿山被广泛应用，棚式支架与砌筑石材整体式支架也在矿山中得到较多的使用。

第一节　锚杆（锚索）网喷支护

一、锚杆支护

1. 打锚杆应遵守的规定

（1）打眼前应做好以下准备工作：

① 按照中、腰线严格检查巷道断面规格，不符合作业规程要求时须进行处理。

② 认真敲帮问顶，仔细检查顶帮围岩情况，找净活矸、危石，确保工作环境安全。

③ 按作业规程规定的锚杆布置确定眼位，并用粉笔或黄泥作好标志。

④ 检查和准备好钻具、电缆或风水管路，并在钎杆上作出眼深标记。

（2）严禁空顶作业，必须在前探梁、临时棚或点柱掩护下打眼。打眼应由外向里进行。

（3）锚杆眼的方向、角度，原则上应与岩石的层理面垂直。当层理面不明显时，锚杆眼方向应与巷道周边垂直。

2. 安装锚杆须遵守的规定

（1）安装前，应先检查锚杆孔布置形式、孔距、孔深、角度以及锚杆部件是否符合作业规程要求，不符合规定的要进行处理及更换。

（2）安装前，应将眼孔内的积水、煤岩粉屑用掏勺或压风吹扫干净。吹扫时，操作人员应站在孔口一侧，眼孔方向不得有人。

（3）安装锚杆必须按作业规程的要求认真操作，托板要紧贴壁面，并不得有松动现象。锚杆安装时的预应力必须符合作业规程规定。

（4）锚杆的外露长度要符合作业规程的规定，一根锚杆不允许上两个托板或螺帽。

（5）锚杆安装后，要定期按规定进行锚固力检测，对不合格的锚杆必须重新补打。

（6）有滴水或涌水的锚孔，不许使用水泥锚杆。

3. 安装树脂锚杆应遵守的规定

（1）安装时应先用杆体量测孔深和孔角度，符合规定要求后，再将树脂锚固剂放入孔内，并用杆体将锚固剂缓推至孔底。

（2）在杆体尾部上好连接头，用煤电钻或风动搅拌器连续搅拌，搅拌时间要符合规定。

（3）搅拌后，用木楔或小块矸石塞卡住杆体，然后轻轻取下搅拌钻具，不许出现杆体下滑现象。

（4）树脂经 15 min 固化后，安装托板（不包括 K 型和 M 型树脂锚固剂），并按作业规程规定的时间和扭矩拧紧螺帽，使托板紧贴岩壁面。

4. 安装管缝锚杆应遵守的规定

（1）安装前应按作业规程要求，检查孔深和“管孔径差”是否合格。

（2）使用凿岩机或液压锚杆安装机安装时，开始推力要小，以防推力过大造成管缝锚杆弯折，锚杆进入孔内 500 mm 后，再增加推力。

（3）在推进锚杆过程中，要始终保持锚孔和锚杆呈一条直线。

（4）推入眼孔的锚杆长度必须符合规定，垫板应与岩面紧密接触。

5. 安装水泥锚杆应遵守的规定

（1）水泥锚固剂必须按当班需要量领取，入井后应放置在干燥处。使用前不准拆开塑料袋，以防遇潮变质或失效。

（2）安装前，应用杆体量测孔深。

（3）安装时，应首先将水泥锚固剂按作业规程规定的时间放入净水中浸泡，取出后立即放入锚孔内。

（4）安装微膨胀水泥锚杆时，应先在杆体上套上冲压管，把水泥锚固剂推至孔底，先挤压、轻冲、再重冲，将水泥锚固剂挤实。普通水泥锚杆或自浸式水泥锚杆的安装，与树脂锚杆的安装工艺相同。

（5）杆体安装后，按作业规程规定的时间上紧托板。

6. 安装非金属锚杆应遵守的规定

（1）采用楔缝木锚杆时，应先将小木楔插入锚杆一端的楔缝中，木楔必须夹正、夹紧，然后将杆体插入锚孔，用大锤打紧锚杆，最后套上托板并打紧木楔，紧固托板。

（2）采用倒楔竹锚杆时，首先要把锚头与倒楔块捆扎在一起，用 ϕ16 mm、ϕ18 mm 的圆钢或细钢管顶住倒楔块，把锚杆缓慢送入眼底，再用大锤冲砸，直至打不动倒楔为止，最后在外露端套上托板，打紧小楔，紧固托板。

二、锚索支护

打锚索应遵守的规定有以下 5 个方面：

1. 打眼前准备工作

（1）施工前，要备齐钢绞线、锚固剂、托盘、锚具等支护材料和锚杆打眼机、套钎、锚索专用驱动头、张拉油缸、高压油泵、液压剪、注浆泵等专用机具以及常用工具。

（2）准备好施工所需风、水、电。

（3）进行锚索钻机的检查。

（4）张拉锚索前，检查张拉油缸、油泵各油路接头是否松动。

2. 打锚索眼

（1）敲帮问顶，检查施工地点围岩和支护情况。

（2）根据锚孔设计位置要求，确定眼位，并做出标志。

（3）必须采取湿式打眼。

（4）竖起钻机把初始钻杆插到钻杆接头内，观察围岩，定好眼位，使锚杆机和钻杆处于正确位置。钻机开眼时，要扶稳钻机，先升气腿，使钻头顶住岩面，确保开眼位置正确。

（5）开钻。操作者站立在操作臂长度以外，分腿站立保持平衡。先开水，后开风。开始钻眼时，用低转速，随着钻孔深度的增大，调整到合适转速，直到初始锚孔钻进到位。

（6）退钻机，接钻杆，完成最终钻孔。

（7）锚索眼必须与巷道面垂直，眼深和间排距偏差应符合作业规程的规定标准。

（8）锚索打眼后，先关水，再停风。

3. 组装锚索

用钢刷除去钢绞线表面浮锈，在自由段涂防锈油脂。

4. 安装、锚固锚索

（1）检查锚索眼及注浆孔质量，不合格的及时处理。

（2）把锚索末端套上专用驱动头、拧上导向管并卡牢。

（3）将树脂药卷用钢绞线送入锚索孔底，使用2块以上树脂药卷时，按超快、快、中速顺序自上而下排列。

（4）用锚索钻机进行搅拌，将专用驱动头尾部插入锚索钻机上，一人扶住机头，一人操作锚索钻机；边推进边搅拌，前半程用慢速后半程用快速，旋转约40 s。

（5）停止搅拌，但继续保持锚索钻机的推力约1 min后，缩下锚索钻机。

5. 树脂锚固剂凝固1 h后进行张拉和顶紧上托盘工作

（1）卸下专用驱动头和导向管，装上托盘、锚具，并将其托至紧贴顶板的位置，把张拉油缸套在锚索上，使张拉油缸和锚索同轴，挂好安全链，人员撤开，张拉油缸前不得有人。

（2）开泵进行张拉并注意观察压力表读数，分级张拉，分级方式为30 kN、60 kN、90 kN、130 kN。达到设计预紧力或油缸行程结束时，迅速换向回程。

（3）卸下张拉油缸，用液压剪截下锚索过长的外露部分，并套上防护套。

三、喷射混凝土支护

喷射混凝土的工艺流程如图9－1所示，先将砂、石过筛，按配合比和水泥一同送入搅拌机进行搅拌，然后将拌和料运到工作面，经上料机进入以压气为动力的喷射机，经输料管送到喷射处与水混合并喷向岩面。

1. 喷射混凝土的施工及工艺参数

1）施工准备

（1）检查喷射地点的安全情况和巷道规格。喷前首先排除作业范围内不安全因素，

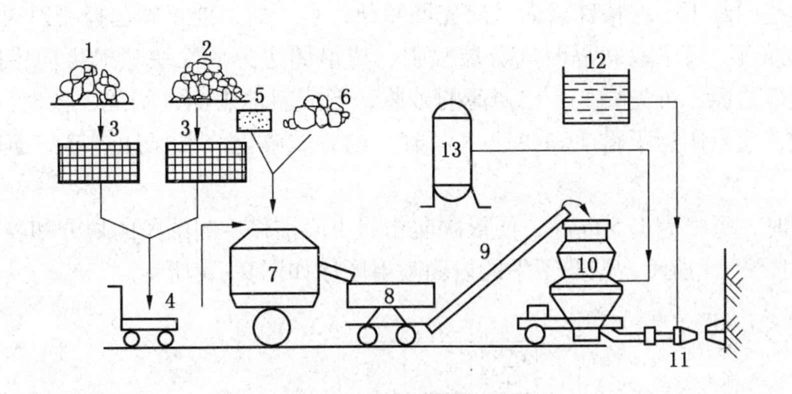

1—砂；2—石；3—筛子；4—磅秤；5—速凝剂；6—水泥；7—搅拌机；8—运料小车；
9—上料机；10—喷射机；11—喷嘴；12—水箱；13—气包

图9-1 喷射混凝土工艺流程

确认安全时，再全面检查巷道断面是否满足设计尺寸要求，有欠挖部分应除掉，以保证成巷规格。

(2) 喷前检查设备与管路的完好情况。

(3) 冲洗岩帮。喷射手在喷射前用压力水冲洗岩帮，以冲洗粉尘和浮矸，提高混凝土与岩壁的黏着力，降低回弹。对于软岩和易风化的岩石，一定不要一次冲洗全部巷道，因为冲洗过的巷道，若不能及时喷浆，受水冲洗过的围岩容易片帮冒落，应做到洗一段喷一段。

(4) 掌握轮廓线。在喷射范围内的巷道顶部中心与两肩窝部位，两侧拱基线上下7个部位，沿巷道轴线方向在巷道轮廓线上用铅丝拉好控制线，控制线多少视巷道成形情况和喷射手技术熟练程度而定。

2) 喷射操作

喷射操作先开水后开风，及时调整水灰比，水灰比一般为0.4～0.5。给水量的多少，主要靠喷射手的目测调整。从新喷的混凝土表面看，呈现稍亮光泽，易黏着，并且具有稠黏塑性，回弹物少，说明水量合适；如表面无光泽，出现干斑，回弹物增加，粉尘飞扬，混凝土极不密实，说明水量少；出现表面塑性大或滑动、流淌，说明水量过大。喷头缓慢均匀地呈螺旋状移动，使料束喷至岩面时成直径约200 mm的圆圈，以保证混凝土均匀（图9-2）。

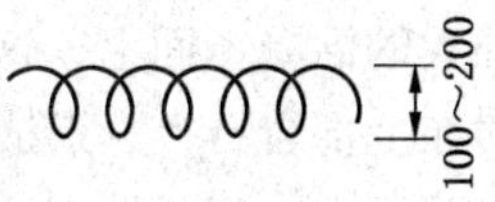

100～200

图9-2 喷射轨迹

3) 喷射顺序

喷射作业要求喷射手严格按操作规程进行。操作喷头时一手托住喷头，一手调节水阀，再联系送料，开始喷射。喷头移动方式，可先向受喷的刚性岩面用左右或上下移动的扫射方式喷一薄层，形成一薄塑性层，然后在此薄层上以螺旋状一圈压半圈，沿横向作缓慢的划圈运动。划出的圆圈直径一般以100～150 mm为宜，喷射顺序应先墙后拱，自下而上，以防止混凝土因自重而产生裂缝和脱落。墙基脚要喷严喷实，拉开区段，顺次喷完半边巷道，然后调转喷头喷另半边巷道，最后合拢收顶，如图9-3所示。

对于一些凹凸不平的特殊岩面，应先凹后凸，自下而上地正确选择喷射次序，遇到较大或较深的凹坑，可采取间隔时间分层喷射，或沿周边分成几块喷射再向中间合拢的方法。若遇光滑岩面，可先喷上一层薄薄的砂浆，形成粗糙表面，间隔一段时间后再喷射。遇有钢筋时，应采用近距斜向和快速“点射”的方式喷射，以保证钢筋后面喷射密实不留空隙。

喷侧墙时，每喷完 1.5 m 高，便依次向相邻小段推移。侧区段的划分和喷射墙及拱顶喷射顺序如图 9－3 所示。凹凸不平的岩面喷射顺序如图 9－4 所示。

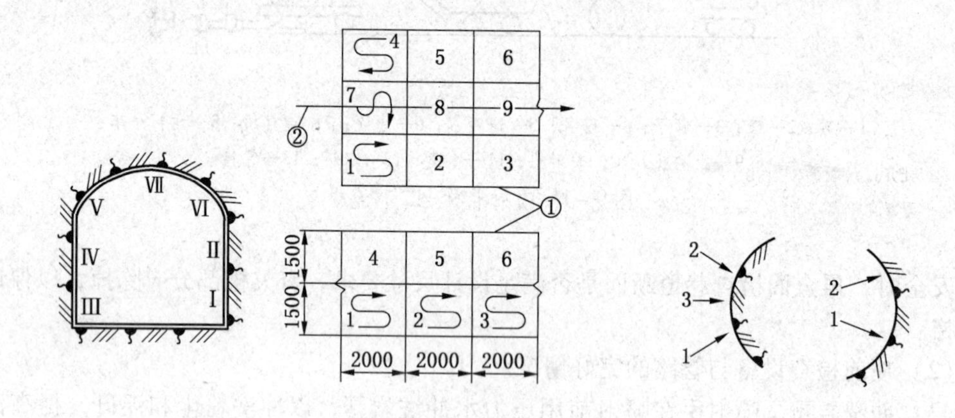

①—拱基线；②—拱顶中心线；
1，2，…，9—喷射顺序；
Ⅰ，Ⅱ，…，Ⅶ—基本段喷射顺序

图 9－3　喷射区段划分及喷射顺序

1，2，3—喷射顺序

图 9－4　凹凸岩面喷射顺序

4）喷头与岩面的距离及倾角

距离以 0.8～1.0 m 为宜，距离过大，将使喷射料束分散，以致射捣无力，影响喷射质量；距离过近，又将引起灰浆回弹加剧。

喷头尽量与岩面垂直，此时混凝土的质量最高，回弹率最低。喷墙一般下俯 10°～15°，喷顶时的仰角为 80°～85°，使喷出的混凝土料束射在较厚的刚喷上还没有凝固、塑性大的混凝土面上，这样可使粗骨料嵌入混凝土中，大大降低了回弹。同时溅起的灰浆黏附在上部岩石上，形成一层未凝固的灰浆层。在随后喷射混凝土时，不是直接喷射在坚硬岩石面上，而是喷在这层灰浆层上，也能减少回弹。

5）喷头的操作

喷射手要经常保持喷头的完好，应做到：①喷头在作业前应进行检查，各部件连接要严密，无漏水漏风现象，结束后应及时用水清洗干净，并使水眼保持畅通；②经常注意检查拢料管、水环等连接部件的磨损程度，发现磨损或磨穿要及时更换。

人工操作时，喷头由喷射手掌握，另设一人协助移动输料胶管，随时注意不使胶管出现硬弯和死弯。掌握喷头的方法：一手握紧喷头，控制喷射方向和转动速度，另一手握住水环进水阀门，控制加水量。另外可使用 MK－Ⅱ型风动液压传动的混凝土喷射机械手和 JP4 型电动液压机械手，以改善劳动条件，保证安全施工。

6）一次喷射厚度

当喷射混凝土支护要求较厚，如超过100 mm时，一般应分层喷射。一次的喷层厚度：侧墙下部可达70～80 mm，拱顶一次喷厚可为30～40 mm。当喷射材料中掺加速凝剂时，一次喷射厚度一般可增加一倍左右。加速凝剂时，分层喷射的间隔时间为15～20 min。

7）水灰比的控制

掌握合适的水灰比对保证混凝土质量，减少回弹率和降低粉尘有密切关系。在实际操作中靠喷射手的经验来控制，喷射时以喷射面无干斑、无流淌、表面有光泽为宜。

8）速凝剂的掺量控制

速凝剂的掺量必须严格进行控制，在喷射前的最短时间内加入，尽量做到边搅拌边喷射。

速凝剂能使喷射混凝土凝结速度快，早期强度高，后期强度降低，干缩变形增加不大。合适的速凝剂应使初凝在3～5 min范围内，终凝不大于10 min。一般速凝剂的掺量为水泥重量的2.5%～4.0%，使用不同速凝剂和不同水泥应作掺合比试验，以取得合理配比。当速凝剂掺量大于7%时，会出现一种“急凝”现象，并大大降低混凝土的后期强度。

9）喷射混凝土的养护

混凝土喷完2～4 h后，应开始喷水养护，喷水次数以保持混凝土具有足够的湿润状态为好，喷水养护时间不得少于7 d。

2. 喷射混凝土工艺存在的问题

1）堵管

堵管是喷射混凝土过程中容易出现的现象。发现堵管时，应立即停电动机、停料、停水，但不停风，以便检查确定堵塞部位。用脚逐步踩输料管，发现管内有硬物不能打弯，则是输料管堵塞部位。若输料管全是软的，则是出料弯管堵塞。在确定堵塞部位后，应停风，卸开堵塞处的接头，敲击输料管，使堵塞物松动，然后上好接头，给风吹管，把管内堵塞物吹出。用压风吹管时，其工作压不得超过0.4 MPa。

在用压风吹管时，在喷出前方及其附近严禁有其他人员，防止突然喷射和管路跳动伤人。在敲击管路时，喷枪手应将枪头朝下，靠近枪头的一段输料管要放直。拆管时，不得面对管口，管口应朝向岩石或无人处，以免排风不净突然出料伤人。

2）回弹

喷射混凝土施工时，部分材料回溅落地是难以避免的。但回弹过多，使喷射效率降低，材料消耗增大，经济效果就差。

回弹的多少几乎与喷射作业中各个施工环节都有关系，其中以拌和料中粗骨料的含量、使用的水泥及速凝剂质量、混合料的均匀度、喷射机的性能以及喷射手掌握水灰比和操作喷头的技术等为主要因素。实践证明，只要严格要求，提高操作技术，就可以把回弹量控制在侧壁10%以内，顶拱15%左右。另外，湿式喷射可以减少回弹10%。

回弹物料是一种黏结性差的松散物质。施工中应重视回弹物的回收和利用，如立即将回弹物回收掺入新料中继续使用，但要注意其掺量不宜过多；也可将回弹物适当掺拌水泥后，用来灌筑混凝土水沟或预制水沟盖板等。

3）粉尘

粉尘的来源是水泥。干式喷射混凝土的水是在喷头处加入，不易拌和湿润，故易产生粉尘。另外，装干料时或设备密封不良时，也易产生粉尘。长期吸入水泥粉尘就会引起鼻炎、肺气肿和水泥尘肺病等。

使用湿喷机，发展湿喷工艺，是消除或减少喷射混凝土粉尘的根本途径，初步表明，可降低粉尘浓度40%以上。

第二节　砌　碹　支　护

料石支护材料有料石、荒料石和毛石；混凝土支护材料有混凝土块、素混凝土和钢筋混凝土。有些地区还采用大于MU15的砖支护。以上支护通称为石材支护（砌碹支护）。它们都属于刚性支护材料，在压应力下使用。

一、适用条件

砌碹支护常作为岩巷施工中临时应变措施或在井筒和承受高应力的硐室中使用，主要应用范围：化学腐蚀性的含水围岩段，大面积淋水或局部涌水处理无效的地段，跨度较大、高应力的大型硐室，立井井筒，作为软岩支护的一部分，过含水的断层破碎带不宜采用锚网喷支护处理时，处理冒顶时。在地压较大或地压不均匀地区，可采用钢筋混凝土支护。

砌碹支护本身是连续体，对围岩能起到封闭、防风化的作用，这种支护形式坚固耐用，防火、防水、风阻小，主要用于抵抗压应力。但这种支护由于工序复杂，劳动强度大，施工速度慢，效率低，巷道一旦破坏，维修非常困难等原因，一般在岩巷施工时很少采用。

二、砌碹支护施工工艺

各种砌碹支护工艺基本相同，以料石砌碹为例，其主要工艺过程为拆除临时支架架腿、掘砌基础、砌墙、搭工作台、拆除临时支架顶、立碹胎砌拱、拆除碹胎模板、挖砌水沟。对于混凝土和钢筋混凝土支护还需要在墙上立模板以及绑扎钢筋等工序。

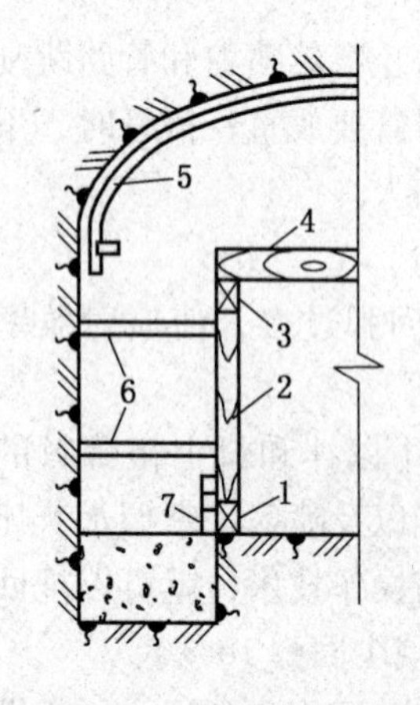

1—底梁；2—立柱；3—托梁；4—横梁；5—架拱；6—模板；7—底板

图9－5　混凝土墙的施工

1. 拆除临时支架架腿

当地压较大或岩石破碎时，应先在顶梁下面打两根顶柱，而后再拆除架腿；岩石稳定、地压不大时，拆除架腿。两架拱仍在托钩上。

2. 掘砌基础

基础深度要符合设计要求，并且要落到实底上。在坚硬岩石中的基础深度，局部不得小于设计值50 mm。

3. 砌墙

砌筑料石墙时，灰缝要均匀、饱满。在砌筑同时，应做好壁后充填；砌筑混凝土墙时，要根据巷道的中腰线组立模板，然后分层浇注和捣固，如图9－5所示。

4. 砌拱

砌拱主要包含搭设工作台、拆除临时支架架拱、立碹胎、砌碹等工作。拆除临时支架时一定要保证安全作业，先找净浮石，必要时局部打上顶柱或架过顶梁管理顶板。确认安全后，便根据中腰线立碹胎、模板，碹胎结构如图 9－6 所示。碹胎架设稳固后开始砌拱。砌拱必须从两侧拱基线开始，向拱顶对称砌筑，使碹胎两侧均匀受压，以防止碹胎向一侧倾斜。砌筑料石拱时，砌块应垂直于拱的辐射线，楔形砌块大头必须向上，各行砌块必须错缝；砌拱的同时，应做好壁后充填；封顶时，最后的砌块必须位于正中。

每砌筑一段拱、墙，应留有台阶式咬合茬，以便下次砌筑接茬。

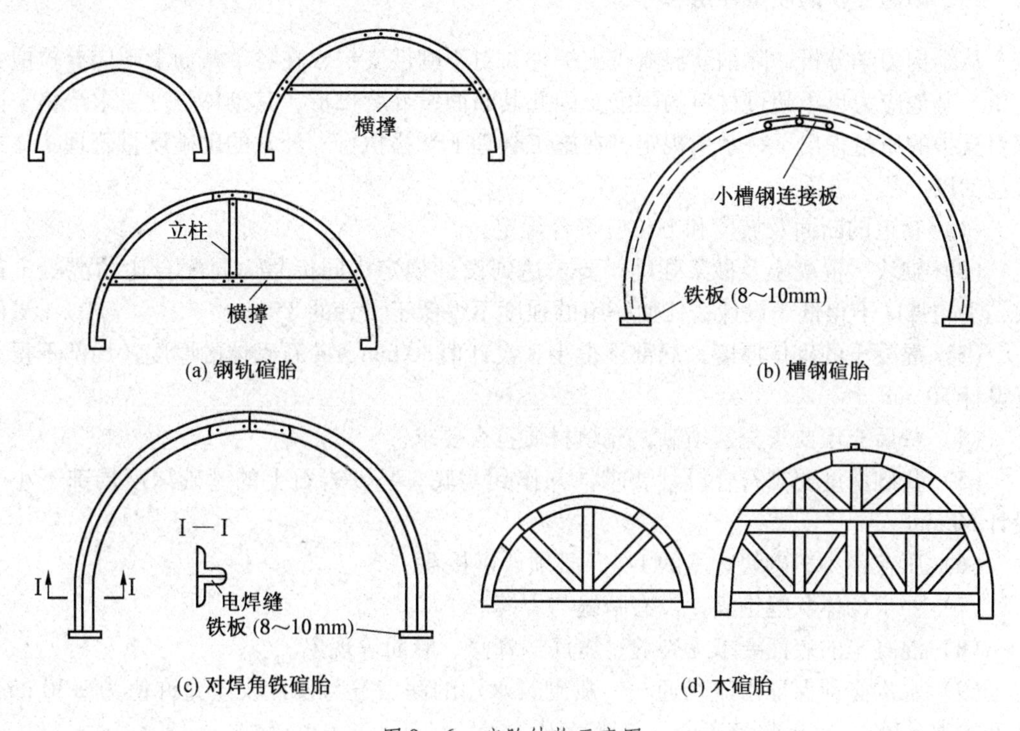

图 9－6　碹胎结构示意图

5. 拆除碹胎模板、挖砌水沟

砌筑完毕后，待墙、拱达到一定的强度后，才能拆除碹胎和模板，进行挖砌水沟。

三、砌碹时的操作要点

（1）凡围岩破碎、地压较大的巷道砌碹时要特别注意安全。砌墙时只能回柱腿，不可回顶梁；回梁数根据立碹胎数而定。对危险的活石必须去除，暂除不掉的应进行支护。

（2）挖基础前要对空帮部位进行认真的安全检查。

（3）根据碹胎间距，控制回顶梁数目，回掉后要进行安全检查或临时支护。

（4）根据模板长度，控制回柱腿数目。

（5）碹后空帮空顶处必须用矸石充填严密，不许使用易腐烂的木材作充填材料。

（6）砌碹必须采用前进式，使工作人员基本处于安全条件下作业，即使发生冒顶情况，也易撤退到安全地点。

（7）有冒顶危险的地区不能进行掘砌平行作业。

（8）第一架碹胎的安设是保证砌碹质量的基础，必须使碹胎符合中、腰线要求，并使其平面和巷道中线垂直。为此，必须量中线碹胎至两帮的尺寸，使之相等。

（9）对于跨度大于 3.5 m 的巷道，在人字形碹胎的顶部要打一个撑木顶住，以防两帮打灰时将其挤起。

（10）对已经拆模的区段必须将洒落的灰浆和其他杂物清理干净，保证水沟畅通、巷道整洁。

四、砌碹支护的质量评定

从结构力学分析，除钢筋混凝土支护外，对于刚性支护，在各个截面上不应有拉应力产生，其他应力也不超过材料的强度。因此其断面设计为拱形，其砌体强度要求严格。国家对支护的质量提出了一系列规定，在施工管理上严格执行。经常的砌碹质量管理工作还应包括以下几个方面。

（1）巷道的断面及坡度和方位应符合规定。

（2）砌块、混凝土及砂浆强度，要求达到设计规定。同标号、同配合比的混凝土试块，平均强度不得低于设计，任何一组的强度不得低于设计的 85%。

（3）混凝土的砌体厚度，局部不得小于设计值 30 mm。砖石砌体的厚度，局部不得小于设计 50 mm。

（4）壁后充填要求充实填满，充填材质符合要求。

（5）基础深度要求符合设计要求，并作到实底。坚硬岩石上的基础深度局部不小于设计 50 mm。

（6）压茬不小于砌块宽度的 1/4，必须严密接茬。

（7）要求砌体灰缝饱满，没有瞎缝与干缝。

（8）混凝土的表面要求无裂缝、露筋、蜂窝、麻面等现象。

（9）水沟必须保证水流畅通，一般砌筑水沟的深、宽与设计误差允许值为 ±30 mm，坡度的为 ±1‰，盖板数量齐全，放置稳固。

石材支护的稳定条件，一般由合理的巷道形状和均匀的围岩抗力所决定。前者是设计问题，施工前必须根据地压显现特征选择适宜的形状。为保证砌体受压后保持断面形状和面积，必须加强壁后充填，以避免引起破坏。

第三节　支　架　支　护

支架支护是煤矿井下常用的支护形式。用于巷道围岩十分破碎不稳定，不适宜采用锚喷支护，而且巷道服务年限不长的情况。按支架的材料构成可分为木支架、金属支架和装配式钢筋混凝土支架三种；按巷道断面形状可分为梯形支架和拱形支架等；按支架结构可分为刚性支架和可缩性支架。

一、支架支护应遵守的一般规定

（1）施工前，支护工必须认真学习并掌握作业规程中规定的支护形式和支护技术参数；施工过程中，必须按支护说明书和质量标准要求精心操作，安全施工。

（2）施工中不得使用下列支护材料及支架：

① 不符合作业规程规定的支护材料。

② 腐朽、劈裂、折断的坑木。

③ 露筋、折断、缺损的混凝土棚。

④ 严重锈蚀或变形的金属支架及未经检测的摩擦支柱、单体液压支柱。

⑤ 过期、失效的树脂锚固剂、水泥锚固剂、速凝剂、减水剂、水泥，未经淘洗的黄沙、碎石或不合格的锚杆杆体。

（3）施工时，严禁空顶作业。必须按照作业规程规定采用前探梁支护。前探梁的材料、结构形式、质量要求应符合作业规程规定。

（4）支护过程中，必须对工作地点的电缆、风筒、风管、水管及机电设备严加保护，不得损坏。

（5）采用棚子支护，棚腿严禁架筑在浮煤浮矸上。采用锚喷支护时，锚杆的锚固力，喷射混凝土厚度、强度等参数必须达到设计要求。

（6）爆破崩倒、崩坏的支架应及时修复或更换。修复支架前，应先找除危石、活矸。扶棚或更换支架，应从外向里逐架依次进行。

（7）在倾斜巷道内架棚，必须有一定的迎山角。迎山角值应符合作业规程的规定，严禁支架后仰。

（8）架棚巷道棚子之间必须安设拉杆或撑木。上下山巷道棚子之间，必须使用金属拉杆，迎头 10 m 内还应敷设防倒器或采取其他防止爆破崩倒支架的措施。

（9）对工程质量必须坚持班检和抽检制度，隐蔽工程要填写“隐蔽工程记录”。

（10）在压力大的巷道架设对棚时，对棚应一次施工，不准采用补棚的方法，以免对棚高低不平、受力不均。

（11）在人工假顶下掘进巷道时，必须及时支护，以免出现坠网现象。若顶网破损，必须先补网再进行支护。

（12）巷道支护高度超过 2 m，或在倾角大于 30°的上山进行支护施工，必须有脚手架或搭设工作平台。

二、施工前准备工作

（1）施工前，要备齐支护材料和施工工具及用于临时支护的前探梁和处理冒顶的应急材料。

（2）支护前和支护过程中，要经常敲帮问顶，用长柄工具及时处理危岩、活石。

（3）支护前，应按中腰线检查巷道毛断面的规格质量，处理好不合格部位。

（4）施工前，要掩护好风、水、电等管、线设施；施工设备要安放到指定地点。

三、施工操作有关规定

1. 架棚支护

（1）架棚应按下列顺序操作：

① 将中、腰线延长到架棚位置。

② 按巷道设计净宽或梯形棚底宽值，用中线分至两侧，找出柱窝位置。

③ 挖柱窝至设计深度，清到实底。

④ 立柱腿并支撑稳定。

⑤ 上顶梁，背齐、背紧顶帮，打紧楔子。

⑥ 固定好前探梁及防倒器。

（2）架棚后应对以下项目进行检查，不合格时应进行处理。

① 梁和柱腿接口处是否严密吻合。

② 混凝土支架是否按要求放置木垫板。

③ 梁、腿接口处及棚腿两端至中线的距离是否符合规定。

④ 腰线至棚梁及轨面的距离是否符合规定。

⑤ 支架有无歪扭迈步、前倾后仰现象；

⑥ 支架帮、顶是否按规定背紧、背牢。

（3）背帮背顶材料要紧贴围岩，不得松动或空帮空顶。顶部和两帮的背板应与巷道中线或腰线平行，其数量和位置应符合作业规程规定。梁腿接口处的两肩必须加楔打紧，背板两头必须超过梁（柱）中心。

（4）柱窝下是软岩（煤）时，要采取防止柱腿钻底的措施。在柱腿下加垫块时，其规格、材质必须符合作业规程要求。

（5）采用人工上梁时，必须两人以上协调合作，稳抬稳放，不要将手伸入柱梁接口处；采用机械上梁时，棚梁在机具上应放置平稳，操作人员不得站在吊升梁的下方作业。

2. 架设梯形金属棚

（1）严禁混用不同规格、型号的金属支架，棚腿无钢板底座的不得使用。

（2）严格按中、腰线施工，要做到高矮一致、两帮整齐一致。

（3）柱腿要靠紧梁上的挡块，不准打砸梁上焊接的扁钢或矿工钢挡块。

（4）梁、腿接榫处不吻合时，应调整梁腿倾斜度和方向，严禁在缝口处打木楔。

（5）按作业规程规定背帮背顶，并用木楔刹紧，前后棚之间，必须上紧拉钩和打上撑木。

（6）固定好前探梁及防倒器。

3. 在井下加工梯形木棚

（1）用量具准确度量棚梁和柱腿的尺寸。

① 柱腿用料时，要将料的粗端在上，超长的坑木只准截去细端。

② 按作业规程中规定的接口方式和规格量画好勒口线，柱口和梁口的深度不得大于料径的1/4。

③ 用弯料时，必须保证料的弓背朝向巷道顶帮。

（2）锯砍棚料时注意事项：

① 锯砍棚料时，应将木料放平稳，不许发生滚动。

② 砍料时，要注意附近人员和行人的安全，斧头和斧把不能碰在障碍物上。

③ 砍料人不得将脚伸到砍料处近旁。

④ 及时清除粘连在斧头上的木屑。注意木料上的木节、钉子，避免砍滑伤人。

⑤ 锯、砍料的地点，应避开风筒、水管和电缆。

4. 架设混凝土棚

（1）混凝土支架接口处，要垫上经防腐处理的 20 ~ 30 mm 厚的木板。

（2）找正支架时，不准用大锤直接敲打支架；必须敲打时，应垫上木块或可塑性材料，保护支架不被破坏。

（3）混凝土支架巷道一般应采用预制水泥板背顶背帮，梁、柱不准直接与顶、帮接触。

（4）在煤层和软岩巷道中，混凝土支架紧跟工作面时，必须采取防炮崩的加固措施，确保不崩倒、崩坏混凝土支架。

5. 架设拱形棚

（1）拱梁两端与柱腿搭接吻合后，可先在两侧各上一只卡缆，然后背紧帮、顶，再用中、腰线检查支架支护质量，合格后即可将卡缆上齐。卡缆拧紧扭矩不得小于 150 N·m。

（2）U 型钢搭接处严禁使用单卡缆。其搭接长度、卡缆中心距均要符合作业规程规定，误差不得超过 ±10%。

6. 架设无腿拱形支架

应先根据设计要求打好生根梁柱，再安设生根梁柱，并浇筑混凝土稳固，7 天后才可上梁。

7. 架设混凝土支架

（1）所用支架构件应无开裂、露筋现象，支架接口处要垫上经防腐处理的 20 ~ 30 mm 厚的木垫板。

（2）找正支架时，不准用大锤直接敲打支架，必须敲打时，应垫上木块等可塑性材料，保护支架不被损坏。

（3）混凝土支架巷道一般采用预制水泥板背顶背帮，梁、柱不准直接与顶、帮接触。

（4）在煤岩和软岩巷道中，混凝土支架紧跟工作面时，必须采取防炮崩的加固措施，确保不崩倒、崩坏混凝土支架。

第四节 联 合 支 护

联合支护形式多是指以锚喷支护为主的联合支护方式，即打上锚杆以后，再挂网喷射混凝土。有些情况是巷道（硐室）地应力大，难以维护时，另增加锚索加固支护。在软岩巷道中，锚网喷支护为主要支护形式，也可使用金属可缩性支架或采用整体混凝土支护。

一、锚杆喷射混凝土支护

对比较破碎的节理裂隙发育比较明显的岩层或松软岩层，巷道周边围岩稳定性较差，容易出现局部或大面积冒落，一般采用锚杆喷射混凝土支护。这种支护方式既能充分发挥锚杆的作用，又充分发挥喷射混凝土的作用。两种作用相结合，有效地改进了支护的效能，因而得到广泛应用。

一般情况下，爆破后应首先及时初喷混凝土封闭围岩，紧接着打注锚杆，随后在一定距离内复喷到设计厚度。

二、锚杆喷射混凝土金属网联合支护

对于特别松软破碎的断层带，或围岩稳定性差、受爆破震动较大的巷道，宜选用锚、喷、网联合支护。设置金属网的主要作用是防止收缩产生裂隙，抵抗震动，使混凝土应力均匀分布，避免局部应力集中，提高喷射混凝土支护能力。金属网用托板固定或绑扎在锚杆端头，为便于施工和避免喷射混凝土时金属网背后出现空洞，金属网格不应小于 100 mm×100 mm。喷射厚度一般不应小于 100 mm，以便将金属网全部覆盖住，并使金属网至少有 20 mm 厚的保护层。

三、钢架喷射混凝土联合支护

在软岩巷道中，掘进后先架设钢架，允许围岩收敛变形，基本稳定后再进行喷射混凝土支护，把钢架喷在里面，有时也打一些锚杆，控制围岩变形。这样，钢架自身仍保持相当的支护能力，同时，被喷射混凝土裹住后又起到了“钢筋加固”的作用，而喷射混凝土层具有一定的柔性，对围岩基本稳定后的变形量也可以适应。

四、锚梁网支护

锚梁网支护主要适用于围岩强度低、节理裂隙发育、易片帮塌落、自稳能力较差的巷道，如遇断层、陷落柱或顶板松软破碎时。支立金属梁，必须在有效的临时支护下进行。支立时，首先将组合好的梁用托钩托住，然后用拉杆或特制的卡钩固定，最后进行挂金属网与喷射混凝土工作。

第十章

岩巷掘进事故分析处理

第一节　事故的预测和预防

一、矿井各种灾害预兆

1. 透水预兆

采掘进工作面或其他地点发现有煤层变湿、挂红、挂汗、空气变冷、出现雾气、水叫、顶板来压、片帮、顶板淋水加大、底板鼓起或裂隙渗水、钻孔喷水、煤壁喷水、水色发浑、有臭味等透水征兆时，应当立即停止作业，撤出所有受水威胁地点的人员，报告矿井调度室，发出警报。在原因未查清、隐患未排除之前，不得进行任何采掘活动。

2. 煤与瓦斯突出预兆

多数煤与瓦斯突出发生前，都会出现各种不同的有声或无声预兆。

1）声响预兆

如煤体发出的闷雷声、爆竹声、机枪声、嗡嗡声。这些由煤体内部发出的声响在突出煤层开采过程中统称为响煤炮。一般在施工预测钻孔和措施效果检验钻孔时发生响煤炮预兆。

2）瓦斯预兆

风流逆转、瓦斯忽大忽小、打钻喷孔及哨声、蜂鸣声等。许多大强度的突出中，有瓦斯忽大忽小预兆的突出事例平均强度最大。

3）煤体结构预兆

煤体结构预兆有层理紊乱、煤体干燥、煤体松软、色泽变暗而无光泽、煤层产状急剧变化、煤层波状隆起以及层理逆转等。

4）矿压预兆

支架来压、煤壁开裂、掉渣、片帮、工作面煤墙外鼓、巷道底鼓、钻孔顶钻夹钻、钻孔变形及炮眼无法装药等。

5）其他预兆

工作面温度降低、煤墙发凉、特殊气味等。

3. 火灾预兆

（1）煤、岩、空气和水温升高，并超过正常温度，支架、煤壁、围岩上面附有水珠。

（2）风流中氧储量降低，其消耗量呈上升趋势。

（3）出现有煤炭和坑木的干馏产物散发出来的煤焦油、汽油等气味。

（4）空气、煤炭、围岩及其他介质温度出现升高，并超过 70 ℃，风流中出现一氧化碳，且有急剧上升的趋势。

（5）出现火炭、火焰、烟雾等现象。

二、顶板事故处理方法

1. 巷道发生局部冒顶事故的处理方法

（1）先加固好冒落区域前后的完好支架。使用棚子支护的，巷道支护应根据围岩压力大小加密棚距，把棚子扶正扶稳。棚子之间要安设好拉杆等，使支架形成一个联合体，棚子顶帮要背严刹实。

（2）及时封顶，控制冒顶范围的扩大。一般是采用架设木垛的方法处理。人员站在安全地点，用长杆将冒落的顶部活石捣掉。在没有冒落危险的情况下，抓紧时间架好支架，排好护顶木垛，一直到冒顶最高点将顶托住。

（3）岩石巷道采用锚喷支护处理冒顶区。具备锚喷支护条件时，应优先考虑采用锚喷支护处理冒顶区。具体工序如下：

① 首先将冒落区域顶帮活石捣掉，喷射人员站在安全一侧向冒顶区喷射一层 30 ~ 50 mm 厚的混凝土层，先封顶，然后再封两帮。

② 初喷的混凝土凝固后再打锚杆，并挂网复喷一次，复喷的厚度一般不超过 20 mm。

③ 冒顶处理完，按要求进行砌碹。为保护碹顶，要在碹顶上充填 0.5 m 左右厚的矸石作为缓冲层。也可以架设金属支架，背严顶帮，四周可充填一层矸石，支架间安设拉杆，使各个棚子联成整体，提高稳定性。

2. 冒顶范围较大时的处理方法

1）小断面快速修复法

在冒顶范围大，影响通风或有人被堵在里面等情况下，可用此法。即先架设比原来巷道规格小得多的临时支架，使巷道能暂时恢复使用，等清理完煤矸后再架设永久支架。

对冒顶部分的处理：采用撞楔法把冒落矸石控制住，等顶板不再冒落时，从巷道两侧清除矸石，且边清除边管理两帮，防止煤矸流入巷道。顶帮维护好以后，就可以架设永久支架。

2）一次成巷修复法

冒顶面积大的次要巷道和修复时间长短对生产影响不大时适用此法。修理时，可根据原有巷道规格，采用撞楔法一次成巷。撞楔间用木板插严，支架两帮也应背严。撞楔以上必须有较厚的矸石层，如果太薄，还应在冒顶空洞内堆塞厚度不少于 0.5 m 的木料或矸石。梁与撞楔之间要背实。处理冒顶和架设支架整个过程中，应设专人观察顶板。

3）木垛法

木垛法是一种比较常用的方法，如巷道冒顶高度在 5 m 以内，冒落长度在 10 m 以上，冒落空间以上岩石基本稳定，就可将冒落的岩石清除一部分，使之形成自然堆积坡度，留出工作人员上下及运送材料的空间并能通风时，就可以从两边在冒落的煤矸上相向架木垛，直接支撑顶板。

先在冒顶区附近的支架上打两排抬棚，提高支架支撑能力，在支架掩护下出矸。架设前处理人员站在安全地点用长柄工具将顶帮活石处理。架设木垛要保证有畅通的安全出口。架木垛前，在冒落区域出口处并排架设两架支架，用拉条拉紧，打上撑杆，使其稳固。在其上面架设穿杆。在矸石松软情况下并排支架；在穿杆下要加打顶柱，但要在穿杆上铺上坑木或荆笆的条件下进行，防止掉矸伤人。架木垛时，第一个木垛最上一层应用护顶穿杆，以保证架第二个木垛时的安全。木垛要撑上顶，靠上帮，靠板处要背一层荆笆，用楔子背紧。然后架第二个木垛，以此类推一直到处理完毕。

4）打绕道法

如果冒顶长度大，不易处理以及冒顶堵人时，可打绕道，绕过冒落区域去抢救被堵人员，或绕过冒落区域后再转入正常掘进。

3. 巷道片帮的处理方法

1）木垛法

当巷道片帮不太严重，片帮一侧稍有冒顶、柱腿压折、煤矸挤入巷道时，先在顶梁下打上一根顶柱，然后清矸换新柱腿，用木料架木垛，支架用背板和荆笆背好后撤去顶柱。

2）撞楔法

巷道一侧片帮很严重，撤掉压坏柱腿时，煤岩会流出，并且片帮继续扩大，可用撞楔法处理。在片帮地点选择完好的柱腿，打上 1.4 m 左右斜撞楔。然后，在顶梁下打上顶柱，换好新柱腿，支架顶帮要背严，依次将支架修好。

三、掘进工作面通风安全保障

发生在掘进工作面的煤尘、瓦斯爆炸事故占有很大比例，其原因主要是忽视掘进通风、违反作业规程造成的。据统计，在掘进工作面发生的瓦斯爆炸事故中，由于局部通风停止运转，风筒口离工作面太远或风筒破损使工作面通风不良造成的事故占 60% 左右。这充分说明了加强掘进通风管理的重要性。

掘进巷道应采用矿井全风压通风或局部通风机通风。局部通风机必须由专人负责管理，保证正常运转。无论是工作还是交接班时都不准停风。因检修、停电等原因停风时，必须撤出人员，切断电源。恢复通风前必须检查瓦斯，局部通风机和开关地点附近 10 m 以内风流中瓦斯浓度不超过 0.5% 时，方可开动局部通风机。

为了有效地排除工作面炮烟，风筒口至工作面的距离，煤巷不大于 5 m，岩巷不大于 15 m。局部通风机及其启动设备安装位置要合乎要求，防止局部通风机产生循环风。局部通风机产生循环风，不仅使风质变坏，部分回风流循环还会导致风流中瓦斯浓度增加。

掘进工作面是煤矿井下最容易出现安全问题的地点，特别是在更换、检修局部通风机或风机停运时，必须加强管理，协调通风部门和机电部门的工作，以保证工作的顺利进行和恢复供风时的安全。对高瓦斯矿井为防止局部通风机停风造成的危险，必须使用“三专”（专用变压器、专用电缆和专用开关）、“两闭锁”（风、电与瓦斯），严格禁止随便开停风机。

对于掘进工作面停风，若时间较短，可在检测瓦斯后逐步增加供风进行稀释；若停风时间较长，则应制定专门的排放瓦斯措施来处理；对冒落空洞和盲巷中的瓦斯，一般采用封闭隔绝的方法处理；对于风速较低造成的瓦斯积聚于巷道顶板附近的情况，可以采用安设导风板或加大风速的办法处理。

掘进工作面风流中瓦斯浓度达到1%时，应及时进行处理；当瓦斯浓度达到1.5%时应立即停止工作、撤出人员、切断电源；机械掘进工作面局部瓦斯浓度达2%时，附近20 m以内必须停止机器运转，并切断电源，进行处理，只有在瓦斯浓度降到1%以下时，才允许开动机器。

四、矿井防治水

矿井防治水的目的是防止矿井水害事故发生，减少矿井正常涌水，降低煤炭生产成本，在保证矿井建设和生产的安全前提下使国家的煤炭资源得到充分合理的回收。为达到上述目的，根据产生矿井水害的原因，采取不同的对策措施。

《煤矿安全规程》第二百八十四条规定："煤矿应当编制本单位防治水中长期规划（5~10年）和年度计划，并组织实施。"

煤矿防治水工作，是建立在弄清水文地质情况的基础上的。若矿区（井）水文地质条件不清，防治水工作就带有一定的盲目性，达不到预期效果。煤矿在建设之前，虽分阶段（普查、详查、精查）进行了勘探，提出了地质报告，但由于受地质条件复杂性和勘探技术条件的限制，所获水文地质资料与实际不符的情况还有，遗留问题较多，给煤矿建设发展带来不良后果，易造成淹井、停建等被动局面。

煤矿防治水工作应当坚持预测预报、有疑必探、先探后掘、先治后采的原则，根据不同水文地质条件，采取探、防、堵、疏、排、截、监等综合防治措施。煤矿必须落实防治水的主体责任，推进防治水工作由过程治理向源头预防、局部治理向区域治理、井下治理向井上下结合治理、措施防范向工程治理、治水为主向治保结合的转变，构建理念先进、基础扎实、勘探清楚、科技攻关、综合治理、效果评价、应急处置的防治水工作体系。

防治水规划是指矿区整体性防治水工程，规模大，工期长，需根据实际情况区分轻、重、缓、急，分期分批逐年进行施工。其内容应包括编制防水规划的必要性和完成规划项目的可能性；矿区（矿井）水文地质概况及存在问题和查（查清水文地质条件）、防（地面防洪、泄洪、内涝区排洪、井下防排水设施、防水煤岩柱、超前钻探等）、疏（疏放降压）、截（切断或减少补给量）、堵（注浆封堵突水点）等工程项目及工程量、劳动组织、工期、预期效果；所需设备和主要材料及工程费用概数等。因此，《煤矿安全规程》第二百八十四条规定："水文地质条件复杂、极复杂矿井应当每月至少开展1次水害隐患排查，其他矿井应当每季度至少开展一次。"

矿井年度防治水计划，由矿总工程师负责编制，防治水规划中的重点工程，由施工部门技术负责人编制，向局长和总工程师汇报，并经审查后，报省煤炭局批准，之后由矿长或负责施工部门组织实施。其主要内容包括年度计划内采掘地区的分布情况；水文地质概况，预测可能透水的地段和分水平、分煤层涌水量的预计；防治水工程项目及工程量（如疏通防洪沟，充填与导水裂隙带相通的地表裂缝，整铺河底）；检查维护输电线路、井下排水设备、防水闸门；清挖水仓、水沟，制订探放水工程计划；提出所需材料及备用工具等。

矿井防水是利用各种工程设施防止矿井大量涌水，特别是防止发生灾害性突水事故。

主要措施有减少充水水源或渗入矿井的水量，疏放降压对矿井有威胁的地下水，阻止水进入井巷；充分利用井田地质、水文地质条件构筑必要的工程，减少或防止发生突水事件。

第二节　事　故　处　理

一、事故发生后自救与互救

矿井发生事故后，矿山救护队不可能立即到达事故地点。实践证明，矿工如能在事故初期及时采取措施，正确开展自救互救可以减小事故危害程度，减少人员伤亡。自救和互救的成效如何，决定于自救和互救方法的正确性。为了确保自救和互救有效，最大限度地减小损失，每个入井人员都必须熟悉所在矿井的灾害预防和处理计划；熟悉矿井的避灾路线和安全出口；掌握避灾方法，会使用自救器；掌握抢救伤员的基本方法及现场急救的操作技术。

发生事故时现场人员的行动原则如下：

1）及时报告灾情

发生灾变事故后，事故地点附近的人员应尽量了解或判断事故性质、地点和灾害程度，并迅速地利用最近处的电话或其他方式向矿调度室汇报，并迅速向事故可能波及的区域发出警报，使其他工作人员尽快知道灾情。在汇报灾情时，要将看到的异常现象（火烟、飞尘等）、听到的异常声响、感觉到的异常冲击如实汇报，不能凭主观想象判定事故性质，以免给调度造成错觉，影响救灾。这在我国煤矿救灾中是有沉痛教训的。

2）积极抢救

灾害事故发生后，处于灾区以及受威胁区域内的人员，应沉着冷静。根据灾情和现场条件，在保证自身安全的前提下，采取积极有效的方法和措施，及时投入现场抢救，将事故消灭在初始阶段或控制在最小范围，最大限度地减少事故造成的损失。在抢救时，必须保持统一的指挥和严密的组织，严禁冒险蛮干和惊慌失措，严禁各行其是和单独行动；要采取防止灾区条件恶化和保障救灾人员安全的措施，特别要提高警惕，避免中毒、窒息、爆炸、触电、二次突出、顶帮二次垮落等次生事故的发生。

3）安全撤离

当受灾现场不具备事故抢救的条件，或可能危及人员的安全时，应由在场负责人或有经验的老工人带领，根据矿井灾害预防和处理计划中规定的撤退路线和当时当地的实际情况，尽量选择安全条件最好、距离最短的路线，迅速撤离危险区域。在撤退时，要服从领导、听从指挥，根据灾情使用防护用品和器具；遇有溜煤眼、积水区、垮落区等危险地段，应探明情况，谨慎通过。灾区人员撤出路线选择的正确与否决定了自救的成败。

4）妥善避灾

如无法撤退时（通路被冒顶阻塞、在自救器有效工作时间内不能到达安全地点等），应迅速进入预先筑好的或就近地点快速建筑的临时避难硐室，妥善避灾，等待矿山救护队的援救，切忌盲动。事故现场实例表明：遇险人员在采取合适的自救措施后，是能够坚持较长时间而得救的。

二、各类灾害事故避灾自救与互救措施

1. 瓦斯与煤尘爆炸事故时的自救与互救

1）瓦斯爆炸时防灾措施

据亲身经历过瓦斯爆炸的人员回忆，瓦斯爆炸前感觉到附近空气有颤动的现象发生，有时还发出"嘶嘶"的空气流动声，一般被认为是瓦斯爆炸前的预兆。

井下人员一旦发现这种情况时，要沉着冷静，采取措施进行自救。具体方法：背向空气颤动的方向，俯卧倒地，面部贴在地面，以降低身体高度，避开冲击波的强力冲击，并闭住气暂停呼吸，用毛巾捂住口鼻，防止把火焰吸入肺部。最好用衣物盖住身体，尽量减少肉体暴露面积，以减少烧伤。爆炸后，要迅速按规定佩戴好自救器，弄清方向，沿着避灾路线，赶快撤退到新鲜风流中。若巷道破坏严重，不知撤退是否安全时，可以到支护较完整的地点躲避等待救护。

2）掘进工作面瓦斯爆炸后矿工的自救与互救措施

如发生小型爆炸，掘进巷道和支架基本未遭破坏，遇险矿工未受直接伤害或受伤不重时，应立即打开随身携带的自救器，佩戴好后迅速撤出受灾巷道到达新鲜风流中。对于附近的伤员，要协助其佩戴好自救器，帮助撤出危险区；不能行走的伤员，在靠近新鲜风流30～50 m范围内，要设法将其抬运到新风中，如距离远，则只能为其佩戴自救器，不可抬运。撤出灾区后，要立即向矿调度室报告。

如发生大型爆炸，掘进巷道遭到破坏，退路被阻，但遇险矿工受伤不重时，应佩戴好自救器，千方百计疏通巷道，尽快撤到新鲜风流中。如巷道难以疏通，应坐在支护良好的棚子下面，或利用一切可能的条件建立临时避难硐室，相互安慰、稳定情绪，等待救助，并有规律地发出呼救信号。对于受伤严重的矿工要为其佩戴好自救器，使其静卧待救。并且要利用压风管道、风筒等改善避难地点的生存条件。

2. 煤与瓦斯突出时的自救与互救

1）发现突出预兆后现场人员的避灾措施

（1）矿工在采煤工作面发现有突出预兆时，要以最快的速度通知人员迅速向进风侧撤离。撤离中快速打开隔离式自救器并佩戴好，迎着新鲜风流继续外撤。如果距离新鲜风流太远时，应首先到避难所，或利用压风自救系统进行自救。

（2）掘进工作面发现煤和瓦斯突出的预兆时，必须向外迅速撤至防突反向风门之外，之后把防突风门关好，然后继续外撤。如自救器发生故障或佩戴自救器不能安全到达新鲜风流时，应在撤出途中到避难所或利用压风自救系统进行自救，等待救护队援救。

2）发生突出事故后现场人员的避灾措施

在有煤与瓦斯突出危险的矿井，矿工要把自己的隔离式自救器带在身上，一旦发生煤与瓦斯突出事故，立即打开外壳佩戴好，迅速外撤。

矿工在撤退途中，如果退路被堵，或自救器有效时间不够，可到矿井专门设置的井下避难所或压风自救装置处暂避，也可寻找有压缩空气管路的巷道、硐室躲避。这时要把管子的螺丝接头卸开，形成正压通风，延长避难时间，并设法与外界保持联系。

3. 矿井火灾事故时的自救与互救

（1）首先要尽最大的可能迅速了解或判明事故的性质、地点、范围和事故区域的巷

道情况、通风系统风流及火灾烟气蔓延的速度、方向以及与自己所处巷道位置之间的关系，并根据矿井灾害预防和处理计划及现场的实际情况，确定撤退路线和避灾自救的方法。

（2）撤退时，任何人无论在任何情况下都不要惊慌、乱跑。应在现场负责人及有经验的老工人带领下有组织地撤退。

（3）位于火源进风侧的人员，应迎着新鲜风流撤退。

（4）位于火源回风侧的人员或是在撤退途中遇到烟气有中毒危险时，应迅速戴好自救器，尽快通过捷径绕到新鲜风流中去或在烟气没有到达之前，顺着风流尽快从回风出口撤到安全地点；如果距火源较近而且越过火源没有危险时，也可迅速穿过火区撤到火源的进风侧。

（5）如果在自救器有效作用时间内不能安全撤出时，应在设有储存备用自救器的硐室换用自救器后再行撤退，或是寻找有压风管路系统的地点，以压缩空气供呼吸之用。

（6）撤退行动既要迅速果断，又要快而不乱。撤退中应靠巷道有联通出口的一侧行进，避免错过脱离危险区的机会，同时还要随时注意观察巷道和风流的变化情况，谨防火风压可能造成的风流逆转。人与人之间要互相照应，互相帮助，团结友爱。

（7）如果无论是逆风或顺风撤退，都无法躲避着火巷道或火灾烟气可能造成的危害，则应迅速进入避难硐室；没有避难硐室时应在烟气袭来之前，选择合适的地点就地利用现场条件，快速构筑临时避难硐室，进行避灾自救。

（8）逆烟撤退具有很大的危险性，在一般情况下不要这样做。除非是在附近有脱离危险区的通道出口，而且又有脱离危险区的把握时；或是只有逆烟撤退才有争取生存的希望时，才采取这种撤退方法。

（9）撤退途中，如果有平行并列巷道或交叉巷道时，应靠有平行并列巷道和交叉巷口的一侧撤退，并随时注意这些出口的位置，尽快寻找脱险出路。在烟雾大、视线不清的情况下，要摸着巷道壁前进，以免错过联通出口。

（10）当烟雾在巷道里流动时，一般巷道空间的上部烟雾浓度大、温度高、能见度低，对人的危害也严重，而靠近巷道底板情况要好一些，有时巷道底部还有比较新鲜的低温空气流动。为此，在有烟雾的巷道里撤退时，在烟雾不严重的情况下，即使为了加快速度也不应直立奔跑，而应尽量躬身弯腰，低着头快速前进。如烟雾大、视线不清或温度高时，则应尽量贴着巷道底板和巷壁，摸着铁道或管道等爬行撤退。

（11）在高温浓烟的巷道撤退还应注意利用巷道内的水浸湿毛巾、衣物或向身上淋水等办法进行降温，改善自己的感觉，或是利用随身物件等遮挡头面部，以防高温烟气的刺激等。

（12）在撤退过程中，当发现有发生爆炸的前兆时（当爆炸发生时，巷道内的风流会有短暂的停顿或颤动，应当注意的是这与火风压可能引起的风流逆转的前兆有些相似），有可能的话要立即避开爆炸的正面巷道，进入旁侧巷道，或进入巷道内的躲避硐室；如果情况紧急，应迅速背向爆源，靠巷道的一帮就地顺着巷道爬卧，面部朝下紧贴巷道底板、用双臂护住头面部并尽量减少皮肤的外露部分；如果巷道内有水坑或水沟，则应顺势爬入水中。在爆炸发生的瞬间，要尽力屏住呼吸或是闭气将头面浸入水中，防止吸入爆炸火焰及高温有害气体，同时要以最快的速度戴好自救器。爆炸过后，应先进行观察，待没有异常变化迹象，方可辨明情况和方向，沿着安全避灾路线，尽快离开灾区，转入有新鲜风流的安全地带。

4. 矿井透水事故时自救与互救

1）透水后现场人员撤退时的注意事项

（1）透水后，应在可能的情况下迅速观察和判断透水的地点、水源、涌水量、发生原因、危害程度等情况，根据灾害预防和处理计划中规定的撤退路线，迅速撤退到透水地点以上的水平，而不能进入透水点附近及下方的独头巷道。

（2）行进中，应靠近巷道一侧，抓牢支架或其他固定物体，尽量避开压力水头和泄水流，并注意防止被水中滚动的矸石和木料撞伤。

（3）如透水破坏了巷道中的照明和路标，迷失行进方向时，遇险人员应朝着有风流通过的上山巷道方向撤退。

（4）在撤退沿途和所经过的巷道交叉口，应留设指示行进方向的明显标志，以提示救护人员的注意。

（5）人员撤退到竖井，需从梯子间上去时，应遵守秩序，禁止慌乱和争抢。行动中手要抓牢，脚要蹬稳，切实注意自己和他人的安全。

（6）如唯一的出口被水封堵无法撤退时，应有组织地在独头工作面躲避，等待救护人员的营救。严禁盲目潜水逃生等冒险行为。

2）透水后被围困时的避灾自救措施

（1）当现场人员被涌水围困无法退出时，应迅速进入预先筑好的避难硐室中避灾，或选择合适地点快速建筑临时避难硐室避灾。迫不得已时，可爬上巷道中高冒空间待救。如系老窑透水，则须在避难硐室处建临时挡墙或吊挂风帘，防止被涌出的有毒有害气体伤害。进入避难硐室前，应在硐室外留设明显标志。

（2）在避灾期间，遇险矿工要有良好的精神心理状态，情绪安定、自信乐观、意志坚强。要做好长时间避灾的准备，除轮流担任岗哨观察水情的人员外，其余人员均应静卧，以减少体力和空气消耗。

（3）避灾时，应用敲击的方法有规律、间断地发出呼救信号，向营救人员指示躲避处的位置。

（4）被困期间断绝食物后，即使在饥饿难忍的情况下，也应努力克制自己，决不嚼食杂物充饥。需要饮用井下水时，应选择适宜的水源，并用纱布或衣服过滤。

（5）长时间被困在井下，发觉救护人员到来营救时，避灾人员不可过度兴奋和慌乱，以防发生意外。

5. 冒顶事故时的自救与互救

1）采煤工作面冒顶时的避灾自救措施

（1）迅速撤退到安全地点。当发现工作地点有即将发生冒顶的征兆，而当时又难以采取措施防止采煤工作面顶板冒落时，最好的避灾措施是迅速离开危险区，撤退到安全地点。

（2）遇险时要靠煤帮贴身站立或到木垛处避灾。从采煤工作面发生冒顶的实际情况来看，顶板沿煤壁冒落是很少见的。因此，当发生冒顶来不及撤退到安全地点时，遇险者应靠煤帮贴身站立避灾，但要注意煤壁片帮伤人。另外，冒顶时可能将支柱压断或推倒，但在一般情况下不可能压垮或推倒质量合格的木垛。因此，如遇险者所在位置靠近木垛时，可撤至木垛处避灾。

(3) 遇险后立即发出呼救信号。冒顶对人员的伤害主要是砸伤、掩埋或隔堵。冒落基本稳定后，遇险者应立即采用呼叫、敲打（如敲打物料、岩块，可能造成新的冒落时，则不能敲打，只能呼叫）等方法，发出有规律、不间断的呼救信号，以便救护人员和撤出人员了解灾情，组织力量进行抢救。

(4) 遇险人员要积极配合外部的营救工作。冒顶后被煤矸、物料等埋压的人员，不要惊慌失措，在条件不允许时切忌采用猛烈挣扎的办法脱险，以免造成事故扩大。被冒顶隔堵的人员，应在遇险地点有组织地维护好自身安全，构筑脱险通道，配合外部的营救工作，为提前脱险创造良好条件。

2) 独头巷道迎头冒顶被堵人员避灾自救措施

(1) 遇险人员要正视已发生的灾害，切忌惊慌失措，坚信企业一定会积极进行抢救。应迅速组织起来，主动听从灾区中班组长和有经验老工人的指挥。团结协作，尽量减少体力和隔堵区的氧气消耗，有计划地使用饮水、食物和矿灯等，做好较长时间避灾的准备。

(2) 如人员被困地点有电话，应立即用电话汇报灾情、遇险人数和计划采取的避灾自救措施；否则，应采用敲击钢轨、管道和岩石等方法，发出有规律的呼救信号，并每隔一定时间敲击一次，不间断地发出信号，以便营救人员了解灾情，组织力量进行抢救。

(3) 维护加固冒落地点和人员躲避处的支架，并经常派人检查，以防止冒顶进一步扩大，保障被堵人员避灾时的安全。

(4) 如人员被困地点有压风管，应打开压风管给被困人员输送新鲜空气，并稀释被隔堵空间的瓦斯浓度，但要注意保暖。

第四部分
巷道掘砌工高级技能

第十一章 施工前的准备

第一节 读 图

岩层在地壳运动影响下，发生变位和变形，其原始产状受到不同程度的改变，这称之为地质构造变动。发生构造变动的岩层所呈现的各种空间形态，称作地质构造。地质构造分为三种基本类型：单斜构造、褶皱构造、断裂构造。

一、岩层的产状

岩层在地壳中的空间位置和产出状态，称为岩层的产状。岩层的产状，是以岩层层面在空间的方位及其与水平面的关系来确定。通常是用岩层的走向、倾向、倾角三个要素来表示，如图 11－1 所示。

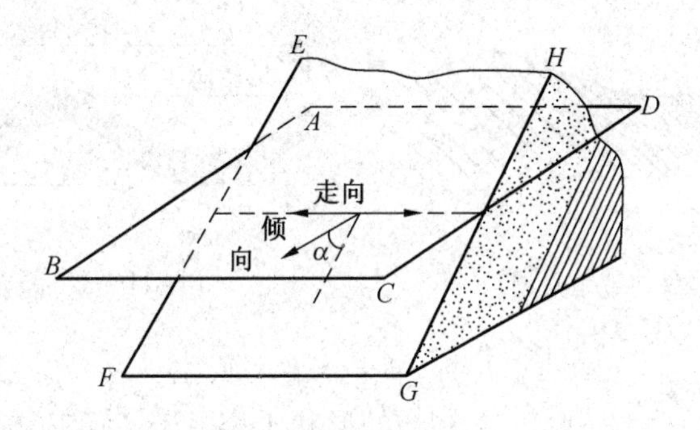

ABCD—水平面；*EFGH*—岩层层面；α—岩层倾角

图 11－1 岩层产状示意图

1. 走向

倾斜岩层的层面与水平面的交线，称为走向线。走向线是一条水平线。走向线两端的延伸方向，称为岩层的走向。走向线上各点的高程都相等。它表示倾斜岩层在水平面上的延展方向。当岩层是平面时，其走向为一条直线，各点走向不变；当岩层为曲面时，其走向为一条曲线，各点走向发生变化。

2. 倾向

在岩层面上，垂直于走向线沿层面倾斜向下所引的直线，称为岩层的倾斜线，又称真倾斜线。倾斜线在水平面上的投影线所指岩层下倾一侧的方向，称为岩层的倾向，又称真倾向。倾斜线只有一条，倾向也只有一个，并与走向相差90°，反映了岩层的倾斜方向。

3. 倾角

岩层面上与走向线直交的倾斜线和它在水平面上投影的夹角，称为倾角，倾角的大小表示煤层的倾斜程度。倾角分为真倾角和视倾角，真倾角相当于岩层面与水平面所夹的最大角度；而视倾角则为岩层面上任一与走向线斜交的直线和该线在水平面上的投影的角度，也叫伪倾角。视倾角永远小于真倾角，一般在天然剖面上所见到的岩层倾角多为视倾角。

二、单斜构造

在一定范围内，一系列岩层大致向同一方向倾斜，这种构造形态称为单斜构造。在较大的区域内，单斜构造往往是某种构造形态的一部分，如褶曲的一翼，或断层的一盘（图11－2）。

三、褶皱构造

当岩层在水平方向挤压的长期作用下，发生塑性变形而变成波状弯曲，这种构造形态称为褶皱构造。褶皱构造中岩层的一个弯曲，称为褶曲。它是褶皱的基本单位，如图11－3所示。

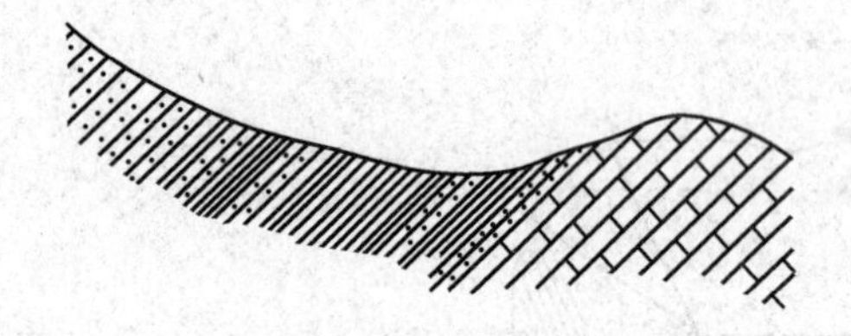

图11－2　单斜构造示意图

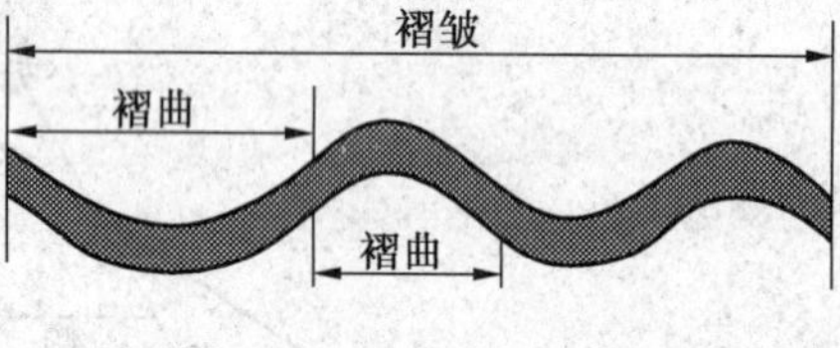

图11－3　褶皱与褶曲

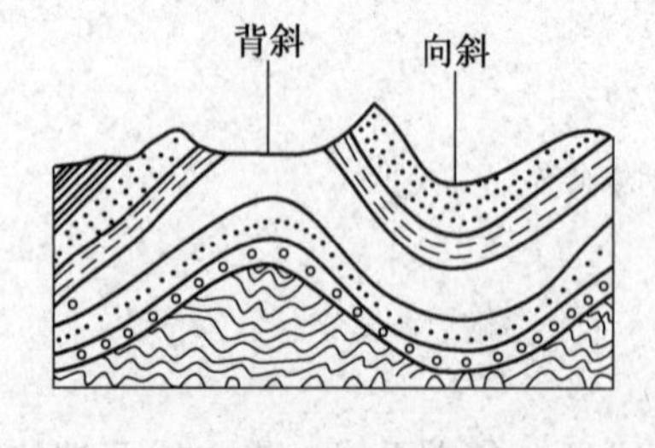

图11－4　背斜和向斜

1. 褶曲的基本形态

褶皱的形状千姿百态，但基本形态只有两种：背斜和向斜（图11－4）。

1）背斜

背斜是岩层向上凸起的弯曲；两翼岩层相背倾斜；中心部分为老岩层，两侧依次对称分布较新岩层。

2）向斜

向斜是岩层下凹的弯曲，两翼岩层相向倾斜；中心部分为新岩层，两侧依次对称分布较老岩层。

2. 褶曲要素

褶曲的基本组成部分及其相互关系的几何要素，如核部、翼部、轴面、轴、枢纽等通称为褶曲要素。他们确切描述一个褶曲在空间的要素，如图 11－5 所示。

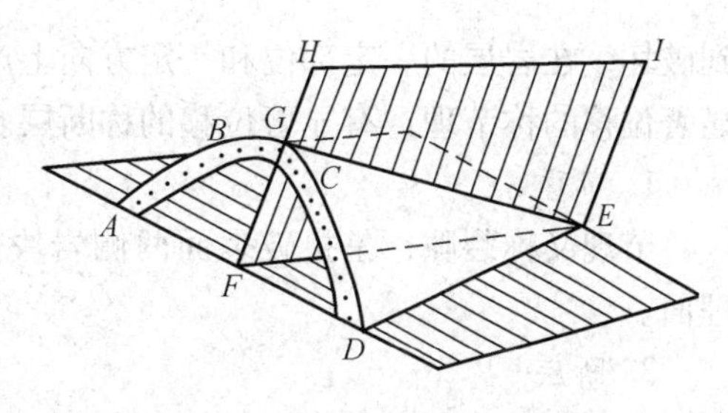

AB、CD—翼；ABGCD 范围内—核；BGC—转折端；GE—枢纽；EFHI—轴面；EF—轴

图 11－5 褶曲要素

核：褶曲的中心部位，通常指褶曲两侧同一岩层之间的部分。但也常把褶曲出露地表最中心部分的岩层称为核。背斜核部的岩层相对于两侧岩层较老；向斜核部的岩层相对两侧的岩层较新。

翼：褶曲核部两侧出露的岩层为褶曲的翼。背斜两翼较核部岩层新；向斜两翼较核部岩层老。

翼角：两翼与水平面的夹角称为翼角，即翼部的倾角。翼角的大小能反映水平挤压作用的强弱，翼角小，褶曲愈宽缓，挤压作用较弱；翼角大，褶曲愈紧密，挤压作用强烈。

转折端：褶曲的一翼倒转为另一翼的过渡部分，也即两翼的汇合部分，叫褶曲转折端。

枢纽及枢纽点：褶曲岩层在横剖面内最大弯曲点叫枢纽点。同一岩层面上枢纽点的连线为枢纽，枢纽表示褶曲在延长方向上产状变化。

轴面：参与褶曲的每一个岩层面上都有一条枢纽线，这些枢纽线所组成的面，就是褶曲的轴面。

轴和轴迹：轴面与平面的交线为褶曲轴，它是轴面的走向线。轴面与地表面的交线叫轴迹。

3. 褶曲分类

1）褶曲在横剖面上的形态分类

（1）直立褶曲。可称为对称褶曲。其轴面近于直立，两翼岩层倾角相反，倾角近于相等。直立褶曲分为对称向斜和对称背斜。

（2）倾斜褶曲。又称为不对称褶曲。其轴面倾斜，两翼岩层倾向相反，倾角不等。不对称褶曲分为倾斜向斜和倾斜背斜。

（3）倒转褶曲。轴面倾斜，两翼岩层倾向相同，地层层序一翼正常、一翼倒转。它分为倒转向斜和倒转背斜。

2）褶曲在纵剖面上的形态分类

（1）水平褶曲。褶曲在水平上延伸，枢纽水平或近水平。

（2）倾伏褶曲。褶曲向一定方向倾伏直至消失，枢纽倾斜。

3）褶曲在平面上的形态分类

（1）线形褶曲。褶曲在一定平面内延伸很远，长宽之比大于 10∶1。

（2）短轴褶曲。褶曲两端延伸不远即倾伏，长宽之比为 10∶1～3∶1。它有短轴背斜和短轴向斜。

（3）穹隆和盆地。褶曲的长与宽之比小于 3∶1。

四、断裂构造

岩层受力后发生变形，当作用力达到或超过岩层的强度极限时，岩层的连续完整性受到破坏，在岩层的一定部位和一定方向上产生断裂。岩层断裂后，其破裂面两侧的岩块无显著位移的称节理；有显著位移的称断层。它们统称为断裂构造。

1. 节理

节理又称裂隙，是指破裂面两侧岩块未发生显著位移的断裂构造。其破裂面称为节理面。

2. 断层

地壳运动产生的地应力作用于岩层，当应力超过岩层的强度极限时，岩层便发生断裂。断裂后若破裂面两侧的岩块发生明显的相对位移，这种断裂构造称为断层。

断层在地壳中分布广泛，其形态和种类繁多，规模有大有小。它们关系到煤层的破坏与保存，造成矿层、岩层的错动不连续，对于矿产的勘探和开采，以及水文地质、工程地质均有影响。在煤矿矿井地质工作中，对断层的观测研究是一项极重要的工作内容。

1）断层要素

为了描述断层的性质和空间的形态，给断层的各个部位分别给予一定的名称，这些断层的基本组成部分称为断层要素（图 11－6）。

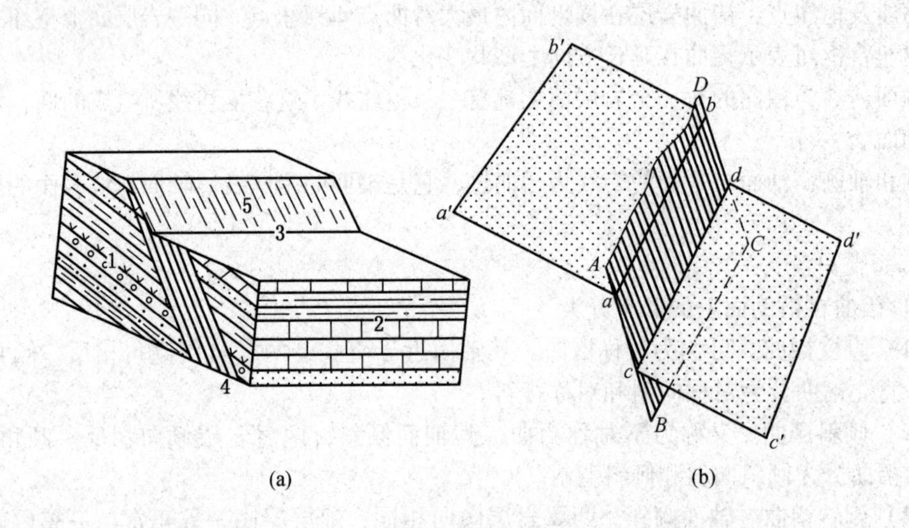

1—下盘；2—上盘；3—断层线；4—断层破碎带；5—断层面

ABCD—断层面；AD—断层线；ab—下盘交面线；cd—上盘交面线

图 11－6　断层的要素

（1）断层面。岩层断裂后，两侧岩块沿着破裂面发生相对位移，该破裂面称为断层面。断层面的形态很复杂，多数为舒缓波状的曲面，少数情况下是平面。在小范围内，均可把断层面视为平面。断层面的产状，同样以走向、倾向和倾角表示。此外，有些断层两侧岩块的位移是沿着一个破碎带发生的，这个带称为断层破碎带。断层规模不同，破碎带的宽度也不等，可从几厘米到几十米。

（2）断盘。断层面两侧发生相对位移的岩块，称为断盘。当断层面倾斜时，位于断层面上方的岩块称上盘；位于断层面下侧的岩块称下盘。如果断层面是直立的，则没有上盘和下盘之分，可根据其断层走向分为东盘西盘或南盘北盘。断层两盘以相对升降位移为主时，将相对上升的一盘称上升盘；相对下降的一盘称下降盘。

（3）断距。断层两盘沿同一岩层相对位移的距离，称为断距。它表明了矿层被错断后相隔的距离，是采矿生产不可缺少的资料。目前，地质界使用的断距名称较多，一般使用真断距。它可分为地层断距、铅直地层断距（又称落差）、水平地层断距和斜断距，这里仅介绍落差和平错。

落差和平错（图11－7）：横切或斜切断面的剖面内，上下盘同一岩层界线与断层线各有一个交点，两交点的高程差叫落差。两个点的水平距离叫平错。

2）断层分类

（1）根据断层两盘相对位移的方向分类：

① 正断层。上盘相对下降，下盘相对上升的断层为正断层（图11－8）。正断层的断层面倾角较大，一般在45°以上，以60°～70°为常见；断层破碎带较明显，角砾岩的角砾棱角显著；附近的岩层很少有挤压、揉皱等现象。

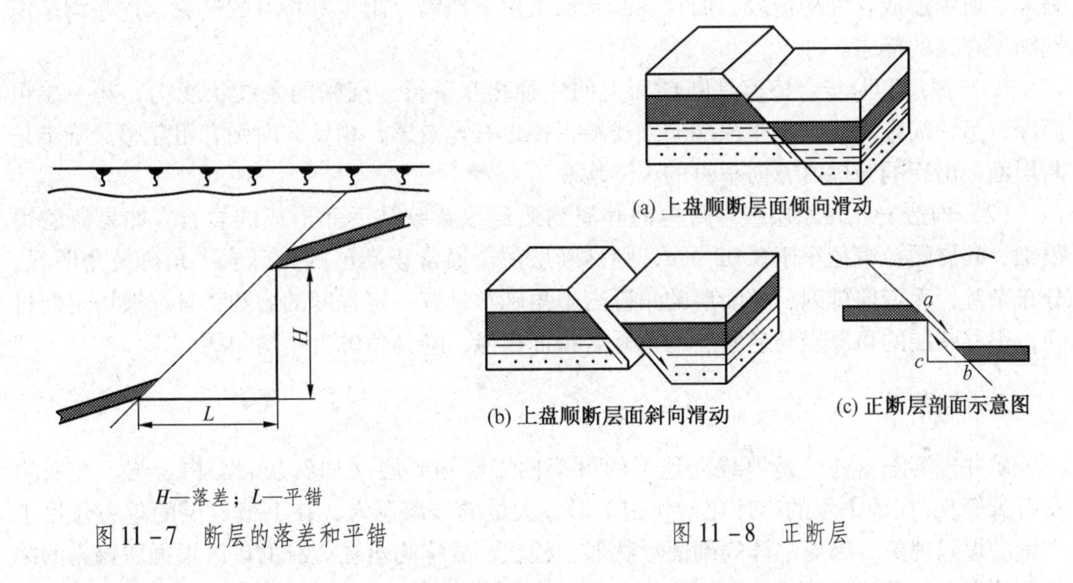

H—落差；L—平错

图11－7　断层的落差和平错

图11－8　正断层

② 逆断层。上盘相对上升、下盘相对下降的断层，称逆断层（图11－9）。根据断层面倾角不同，逆断层又分为以下三种：

A. 冲断层，即断层面倾角大于45°的逆断层。

B. 逆掩断层，即断层面倾角在30°～45°之间的逆断层。

C. 辗掩断层，即断层面倾角小于30°的逆断层。

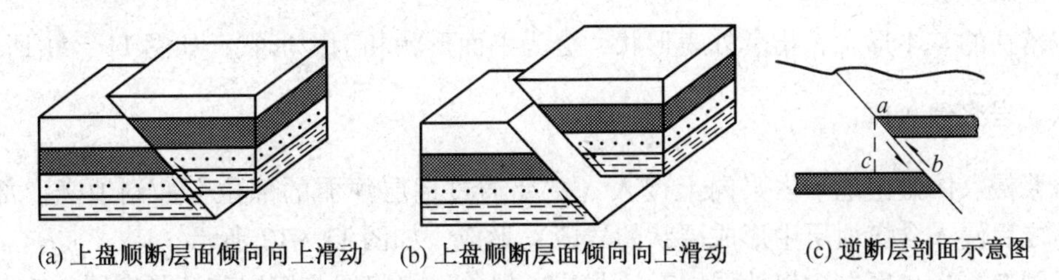

(a) 上盘顺断层面倾向向上滑动　(b) 上盘顺断层面倾向向上滑动　(c) 逆断层剖面示意图

图11－9　逆断层

一般冲断层常在正断层发育区产出，并与其伴生；逆掩断层和辗掩断层的断层面多呈舒缓波状，附近常出现挤压、揉皱现象，有时断层角砾岩中的角砾有一定程度的圆化，且定向排列。

③ 平移断层。两盘沿断层面走向作水平相对位移的断层，称为平移断层，又称平推断层（图 11 - 10）。其断层面一般较平直，倾角较陡，甚至直立。

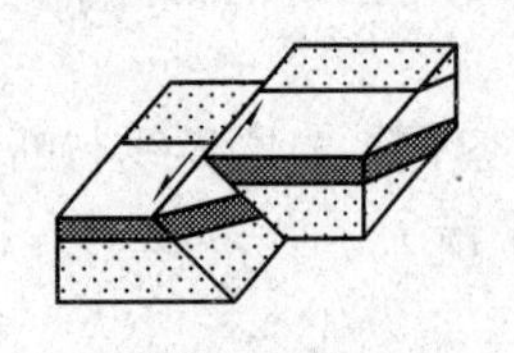

图 11 - 10　平移断层示意图

(2) 根据断层走向与两盘岩层走向的关系分类：

① 走向断层。断层走向与岩层走向平行或基本平行。

② 倾向断层。断层走向与岩层走向垂直或基本垂直。

③ 斜交断层。断层走向与岩层走向明显斜交。

3) 断层的识别标志

断层的识别标志是判定断层存在的依据。断层两盘相对位移时，不仅使破碎带的岩石破碎、研细形成各种构造岩，而且在断层面上留下擦痕、阶步等特有的迹象，这些均是识别断层存在的标志。

(1) 擦痕和阶步。擦痕是断层面上的一种相互平行、细密的条纹状浅沟，其一端粗而深，另一端细而浅，由粗深端向细浅端手摸之有光滑感，相反方向则有粗糙感。阶步是断层面上出现的与擦痕方向垂直的小陡坎。

(2) 构造岩。在断层破碎带内的碎屑物质经重新胶结后而形成的岩石。如果研磨得很细，碎屑颗粒直径小于 0.02 mm，则称断层泥。通常正断层的角砾岩中角砾棱角明显，分布杂乱，无定向排列；逆断层的角砾岩中角砾常具有一定程度的磨圆，且一般均定向排列；平移断层的角砾岩与逆断层的角砾岩特征相似，唯其角砾大小均匀些。

五、陷落柱

矿井岩溶陷落柱，是埋藏在地下的可溶性岩层和矿层（如石灰岩、白云岩、泥灰岩及石膏等），在地下水的物理化学作用下形成大量的岩溶洞穴，在上覆岩层的重力作用下产生的塌陷现象，因塌陷体的剖面形状似一柱状，故称陷落柱。有的矿区根据所揭露的陷落柱特征，称其为“矸子窝”“无炭柱”“环形陷落”等。

在陷落柱比较发育的地区，含煤地层遭受严重的破坏，使可采煤层在一定范围内失去可采价值，减少了矿井煤炭储量。由于陷落柱破坏了煤层的连续性，给井巷工程的布置和施工、采煤方法和采掘机械的选择增加了许多困难。同时，陷落柱穿越含水层时，可将地下水导入采掘工作面内，所以在开采地下水源丰富的矿区时，陷落柱的存在，对矿井的安全生产威胁很大。

陷落柱的基本形态，指其外表形状，分为平面形状和剖面形状，如图 11 - 11 所示。

六、岩浆侵入体

岩浆侵入体是由地下岩浆向上侵入（主要通过地层薄弱的部位上冲到地壳上部形成岩墙，之后侵入含煤地层中形成层状的岩床）形成，如图 11 - 12 所示。

我国有不少矿区在含煤地层中有岩浆侵入现象，岩浆侵入煤层破坏了煤层的连续性和完整性，减少了煤炭的可采储量，起了破坏煤层的作用，给煤矿生产造成影响。由于接触

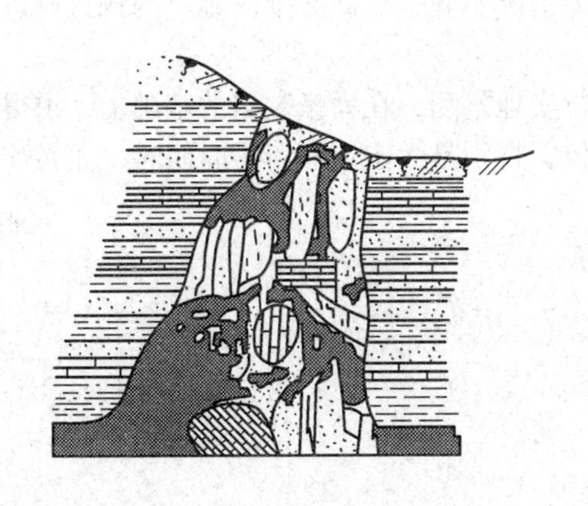

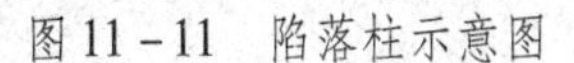
图 11－11　陷落柱示意图

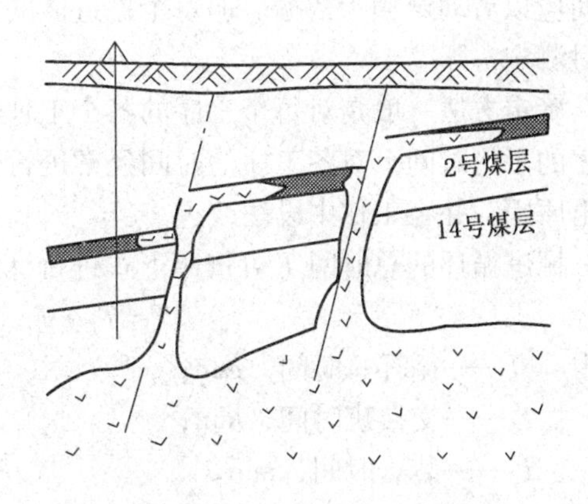

图 11－12　岩浆侵入体示意图

变质的影响，使煤的灰分增高、黏结性减弱，煤质变劣，形成天然焦，降低煤的工业价值；因为侵入煤层中的岩浆岩体硬度大，妨碍采掘工程的顺利进展，影响工程进度，增加生产成本；煤层中的岩浆岩体影响采区和工作面的布置，甚至由于对岩浆岩体分布范围认识不清而造成废巷，影响煤炭正常生产。

第二节　工艺制定和施工方法

一、掘进工作面正规循环作业图表

循环图表是施工组织设计（施工措施）的一部分。编制循环图表应根据设计图纸和地质条件及施工速度、施工工艺，合理选择循环参数，安排施工工序；根据作业方式、施工速度最大限度地实行平行交叉作业，确保各工序的相互衔接和配合，充分利用工时；要以施工定额为依据，提高实际工效，确保有先进的技术经济指标。循环图表的任务是利用图表的形式，在时间上、空间上规定人员、设备的工作岗位和工作量，并明确各连锁工序时间的总和，因此必须首先确定协作和衔接关系。

1. 施工作业方式和循环方式

关于工作制度，过去我国矿山都采用“三八”作业制度（即每日三班、每班八小时工作制），也有采用“四八交叉”作业或“四六”作业制。后两种作业制度对提高劳动生产率、加快掘进速度是有利的。循环方式通常采用每班一个循环或每班 2～3 个循环。每小班完成的循环次数应为整数，即一个循环不要跨班（日）完成，否则，不便于工序之间的衔接，施工管理也比较困难，不利于实现正规循环作业。断面大、地质条件差的巷道，也有实行一日一循环的。

2. 循环进尺

根据我国目前的钻眼爆破技术条件，一般循环进尺为 1.5～2.0 m，随着高效凿岩机和爆破器材的发展，近年来循环进尺也有增大到 2.0～3.5 m，这对提高掘进速度更为有利。

3. 掘进循环时间的确定

掘进循环时间是掘进各连锁工序时间的总和，因此必须首先确定各工序的时间。工序时间应以劳动定额为依据。但每个掘进队的具体情况不同，因此必须对施工的掘进队进行工时测定。

确定方法一般是对每个工序的各个工种进行实地量测，在大量数据的基础上，求得各工序的平均时间。对各工序的时间经常进行分析，特别是大于定额所需时间时，尤其注意找出原因，并在工作中设法改进。

掘进循环的总时间 T 可按照下式进行计算：

$$T = T_1 + T_2 + \phi T_3 + T_4 + T_5$$

式中　T——循环总时间，min；

T_1——交接班时间，min；

T_2——装岩时间，min；

T_3——钻眼工作时间，min；

ϕ——钻眼与装岩不平行系数；

T_4——装药、连线时间，min；

T_5——爆破通风时间，min。

其中 T_1、T_5 在循环工作中基本是常数。其中交接班时间 T_1 安排在爆破通风后，可以节省时间。装岩时间 T_2 可按下式计算：

$$T_2 = (60SL\eta)/P$$

式中　S——掘进断面面积，m^2；

L——炮眼平均深度，m；

η——炮眼利用率；

P——实测装岩机生产效率，m^3/h（实体）。

单独钻眼时间，可按照下式计算：

$$\phi T_3 = (t_1 + t_2)\phi = \phi(NL)/mv$$

式中　t_1——钻巷道上部炮眼所需时间，min；

t_2——钻巷道下部炮眼所需时间，min；

N——炮眼数目，个；

L——炮眼平均深度，m；

m——同时工作钻机台数；

v——每台凿岩机的钻速，m/min；

ϕ——钻眼与装岩不平行作业系数，应根据实测确定，当组织顺序作业时为 1，当组织平行作业时一般为 0.5 左右。

除此之外，为了防止难以预见的工序延长，提高循环图表完成的概率，应考虑增加 10% 的备用时间，故循环总时间可按下式计算：

$$T = 1.1[T_1 + (60SL\eta)/P + (\phi NL)/(mv) + T_4 + T_5]$$

按照上式计算结果，对于巷道工程，一般调整为每班的整倍数，便于管理。调整方法：可以改变炮眼深度，或者调整钻机台数和钻眼与装岩不平行系数等。

4. 掘砌循环图表

编制时一般以掘进工作面为主，在掘进循环时间确定后编制掘砌循环图表。

5. 循环图表的形式

循环图表的形式有多种，其中以普通循环图表（表 11－1）采用最多。

表 11－1　普通循环图表

工　序	时间/min	循环时间/min								
		10	20	30	40	50	60	70	80	90
交接班	10									
安全检查	10									
打眼	60									
装药放炮	20									
临时支护	10									
出碴	60									

二、施工方法

（一）上、下山巷道掘进

1. 上山巷道

上山巷道掘进，即由下向上掘进，施工方法与平巷施工的不同之处有以下方面内容。

1）炮眼布置

由于巷道具有向上倾斜的特点，因此炮眼布置应能使爆出的巷道符合倾斜角度的规定。此外，爆破时要特别注意防止崩倒棚子，因此多采用底部掏槽，并要掌握好炮眼的深度和角度（上方掏槽眼应沿轴线方向稍向下倾斜）；为防止巷道“上漂”造成拉底，底眼应插入底板 50～100 mm，岩石较硬时，可插入底板 200 mm 左右。

倾斜巷道施工时，每掘进 40 m，应设躲避硐室。

2）通风

由于上山施工工作面附近容易积聚瓦斯，在沿瓦斯煤层掘进时，除正确选用爆破器材和采用隔爆电气设备外，应注意加强工作面的通风和瓦斯检查，以保障施工安全。

《煤矿安全规程》第一百九十六条规定：上山掘进工作面采用爆破作业时，应当采用深度不大于 1.0 m 的炮眼远距离全断面一次爆破。

《煤矿安全规程》第一百九十六条还规定：在急倾斜煤层中掘进上山时，应当采用双上山、伪倾斜上山等掘进方式，并加强支护。

急倾斜突出煤层上山掘进工作面中，应采用阻燃抗静电硬质风筒通风。

3）装矸（煤）工作

可采用人工装车或溜车和机械装载方式。目前应用广泛的是耙斗装岩机，它可用在30°以内的倾斜巷道。不管采用哪种装载机械都必须设置安全可靠的防滑装置。

4）提升运输工作

由上往下运送煤、矸的方式与上山的倾斜角度有关。当倾斜角大于35°时，煤、矸可沿巷道底板靠自重下滑；倾角为25°～35°，可用铁溜槽；倾角为15°～25°时，可以采用搪瓷溜槽。倾角小于15°的倾斜巷道皆可采用链板运输机和绞车运输。为了向工作面运送工具材料，在掘进断面允许的情况下，可在巷道一帮安装运输机，另一帮铺设轨道用绞车提升。双斜巷掘进时，可在一个巷道铺轨，在另一个巷道铺运输机。

《煤矿安全规程》第五十六条规定：由下向上掘进25°以上的倾斜巷道时，必须将溜煤（矸）道与人行道分开。人行道应当设扶手、梯子和信号装置。斜巷和上部巷道贯通时，应有专项措施。

5）巷道支护

在倾斜巷道中，由于顶板岩石受重力的作用，有沿倾斜向下滑落的趋势，因此在架棚时，棚腿要向倾斜上方与顶、底板垂线间呈一夹角，这个夹角称为迎山角，其数值取决于巷道的倾角及围岩的性质。当巷道倾角小于40°～45°时，一般每倾斜6°～8°，便应具有1°迎山角。当巷道倾角大于40°～45°时，应架设整体棚子，并在架与架之间设撑木、拉条，或采用密集棚子。

采用锚杆时，顶板的锚杆应尽量做到垂直于顶板岩层面。若采用砌碹支护，施工程序应由下沿倾斜向上进行。

2. 下山巷道

1）下山掘进的特点

（1）由上向下掘进下山巷道时的装载工作比较困难，倾角小于35°时可用耙斗装岩机装岩（在倾角小于10°左右时也可用下山铲斗装岩机）。

（2）下山有向下的坡度，巷道内各处的涌水很自然地积存到工作面，因此掘进下山时，一定要根据不同的情况，做好防排水工作，以免影响掘进工作的进行。

（3）在使用矿车运输时，有可能因为牵引装置的滑落或断绳引起跑车事故，所以除提升绞车摘挂钩处、车场变坡点等设置断绳保险和挡车器外，在掘进工作面附近一定要有可靠的挡车器，防止跑车冲击工作面，保证工作面人员的安全。

2）施工中应做好的事项

（1）防止跑车的安全措施：

① 安全绳法。在提升钢丝绳的尾部钩头以上联结一根环形的钢丝绳（安全绳）。提升时把安全绳套在矿车上，以免脱钩跑车。

② 挡车器。它是由重型钢轨加工制成的挡杆，它架在插入巷道两帮或顶底板的横梁上，并可沿梁回转或上下移动，横梁两端有可伸缩的套管便于在不同的巷道内使用。提升矿车时，挡杆打开，车过后重新关闭。

（2）排水工作注意事项：

① 在掘进下山时，工作面积水不仅会带来繁重的辅助工作，而且会恶化工作面的作

业条件，直接影响工程质量和安全。

② 在处理方法上，首先堵绝从下山联络巷道向下山的渗水、流水；消除下山巷道管路漏水。对巷道顶底板、工作面的涌水应采用截、排的方法解决。

③ 工作面涌水小于 5 m^3/h，可用矿车或箕斗随矸石把水排出。超过 5 m^3/h 的涌水，可在工作面以上安装水泵，铺设管路排水。如下山长度较长，工作面水泵直接排不出下山时，可在下山中间掘进腰泵房实行接力排水。工作面的水泵随工作面前进而移动，在工作面进行爆破时，一定要将水泵提放到安全地点，并做好掩护。

④ 对下山顶板淋水、底板涌水，可根据水的位置、大小，采用搭设防水棚、临时水沟或永久水沟等将水集中排出。

（二）半煤岩巷道掘进

在煤、岩层中掘进巷道，当岩层（包括夹石层）占掘进工作面面积大于 1/5 而小于 4/5 时，称为半煤岩巷道。

1. 巷道位置的选择

巷道掘进断面的位置，有挑顶、卧底及挑顶兼卧底三种情况。

多数情况下，应尽可能不挑顶，而采取卧底，以保证顶板的完整性与稳定性。只有在煤层具有薄层假顶时，才将假顶挑去。另外，在支护时，为不破坏顶板可采用斜梁棚子、短腿棚子等。

对于区段回风巷，由于它兼有向采煤工作面送料的用途，为了送料方便，可采用挑顶掘进。

在实际中，由于煤层地质条件的变化，为了满足生产的需要，保持巷道的方向和坡度的稳定，同一巷道挑顶、卧底的情况并非固定不变，有时甚至暂离煤层穿进全岩掘进。

2. 炮眼布置

半煤岩工作面，由于煤层较软，掏槽眼多布置在煤层中。掏槽形式、炮眼间距和深度应根据巷道断面大小、煤层厚度和位置以及循环进尺而定。煤、岩分次钻眼爆破时应加强顶板管理，防止崩倒支架，造成冒顶。

3. 施工组织

半煤岩巷掘进的施工组织有：煤、岩不分，全断面一次掘进和煤、岩分掘分运两种方式。施工中应尽量采取分掘分运的方式，以利于煤炭资源的回收，保证煤的质量。

在分掘分运施工中，应对煤、岩采用不同的钻眼爆破和装运方法，绝不能为了方便而将煤、岩混在一起。

第三节 开工前的准备

一、巷道施工测量

在井巷开拓和采矿工程设计时，对巷道的起点、终点、方向、坡度、断面规格等几何要素，都有了明确的规定和要求。巷道施工时的测量工作，就是根据设计要求，将其标定在实地上，其中主要的测量工作就是给出巷道的中线和腰线。

中线是巷道在水平面内的方向线，通常标设在巷道顶板上，用于指示巷道的掘进方向。巷道腰线是巷道在竖直面内的方向线，标设在巷道帮上，用于控制巷道掘进的坡度。每个矿的腰线高于轨面设计高程应为一个定值。

巷道施工测量是生产矿井的日常测量工作。它是在井下平面控制测量和高程控制测量的基础上进行的，而且直接与生产发生联系，所以在施工测量之前，应该认真、仔细审阅设计图纸，了解巷道的性质和用途，弄清新老巷道的几何关系，以及设计巷道周围的地质条件、水、火、瓦斯、采空区等情况。必要时，应该用解析法或图解法检查设计要素，然后才能到现场进行标定。在巷道掘进过程中，应及时给出中、腰线，随时进行检验并填绘矿图。

巷道施工测量直接关系着采矿工程的质量和数量，关系到施工人员及矿井的安全，矿山测量人员必须认真、及时、细心地配合施工部门进行工作。

（一）直线巷道中线的标定

在图 11－13 中，虚线表示将要开拓的直线巷道，AB 为设计中线，A 为中线上一点，并位于导线边 S_{45}上。

1. 直线巷道中线的初步标定

初步标定直线巷道的中线，一般用挂罗盘仪、皮尺、测绳等工具进行，标定步骤如下所述。

1）用图解法确定标定数据

（1）用量角器和三棱尺在设计图纸上量取 AB 的坐标方位角和距离 S_{4A} 和 S_{A5}。

（2）根据 AB 直线巷道设计方位角和坐标磁偏角计算出 AB 的磁方位角。

2）现场标定

（1）用皮尺从点 4 沿边长量出距离 S_{4A}，定出 A 点，并丈量 S_{A5} 作为检核。

（2）在 A 点挂测绳，另一端至开切帮，将挂罗盘仪的 N 端（零读数端）朝着开切帮方悬挂罗盘仪（图 11－14）。

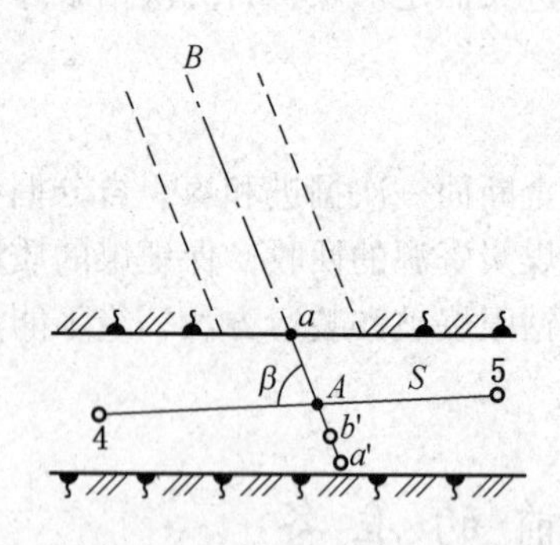

图 11－13　直线巷道中线的标定

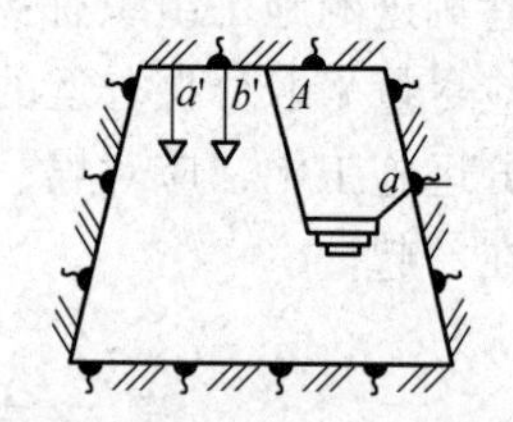

图 11－14　现场标定工具布置

（3）左右移动开切帮一端的测绳，使罗盘静止后的指北针对准 AB 的磁方位角值。这时，罗盘的 N 端方向即为新开巷道的中线方向，如图 11－13 中的 Aa 即为开切巷道的中线方向。

（4）固定测绳 Aa，并在 aA 的延长线上，标出 b'、a'等点。

（5）用灰浆或油漆沿 $a'b'Aa$ 划出中线。使用罗盘标定中线误差较大，一般使用经纬仪、全站仪或三角法标定。

2. 巷道中线的延长与使用

在巷道掘进过程中，巷道每掘 30 ~ 40 m，就要延设一组中线点。为了保证巷道的掘进质量，测量人员应不断把中线向掘进工作面延长。目前，在巷道掘进过程中，通常采用瞄线法和拉线法延长中线。

（1）瞄线法。如图 11 - 15 所示，在中线点 1，2，3 上挂垂球线，一人站在垂球线 1 的后面，用矿灯照亮三根垂球线，并在中线延长线上设置新的中线点 4，系上垂球，沿 1，2，3，4 方向用眼睛瞄视，反复检查，使四根垂球线重合，即可定出 4 点。

施工人员需要知道中线在掘进工作面上的具体位置时，可以在工作面上移动矿灯（图 11 - 15），用眼睛瞄视，当四根垂球线重合时矿灯的位置就是中线在掘进工作面上的位置。这种方法误差较大，一般实际生产过程中多采用拉线法延长中线。

（2）拉线法。如图 11 - 16 所示，将测绳的一端系于 1 点上，另一端拉向工作面，使测绳与 2，3 点的垂球线相切；沿此方向在顶板上设置新的中线点 4，只要使其垂球线也与测绳相切即可。这时测绳一端在工作面的位置即为巷道中线位置。

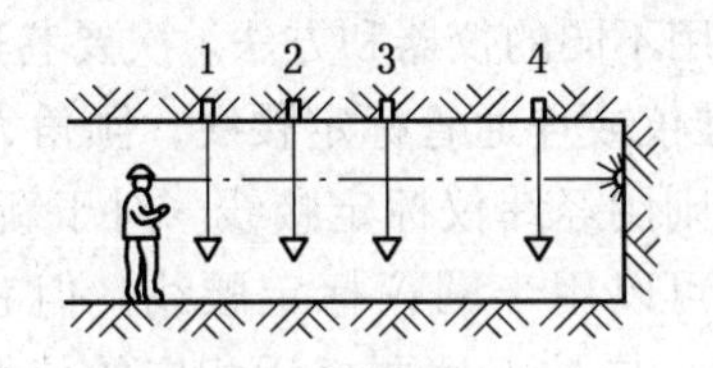

图 11 - 15　瞄线法

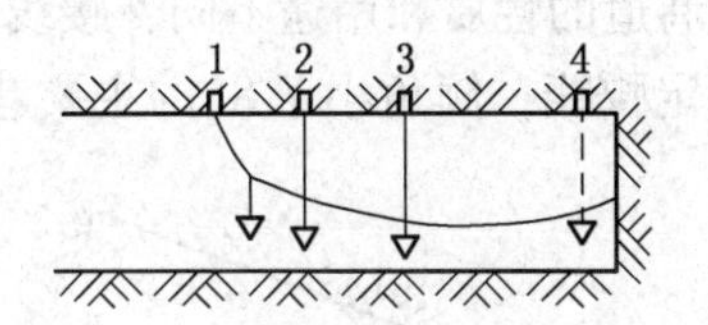

图 11 - 16　拉线法

（二）巷道边线的标定

在大断面双轨巷道以及倾斜巷道的掘进过程中，有时用边线方向来代替中线指向。标定巷道的边线就是靠近巷道一帮标定巷道在水平面内的方向线。边线距帮不能太近，一般为 30 cm 左右。用边线给向易于发现巷道掘偏的现象，如果在斜巷中，把边线设在人行道顶板上，还可以防止由于矸石下滑引起人身安全事故。

巷道边线的标定方法如图 11 - 17 所示，图中的 A 点为巷道中线点，在巷道设计图上取一定的距离的平行中线绘出边线，定出边线起点 B。然后根据 AB 的距离 S_{AB} 和定长计算出 B 点的指向角 β'，即

$$\beta' = \beta - \gamma$$
$$\gamma = \arcsin(a/S_{AB})$$

式中　γ——设计巷道中线的指向角。

现场标定时，先在 A 点安置经纬仪，给出水平角 β'，用钢尺丈量 S_{AB}，并标定出 B 点。再将仪器移至 B 点，后视 A 点，拨动（$180° + \gamma$）角，这时望远镜的视线方向就是边线方向，在顶板上沿着这个视线方向标定出 1，2 等边线点，并用油漆或石灰浆划出边线。

在掘进过程中，测量人员根据巷道宽度 D 按 $C = D/2 - a$ 计算出边线离帮的距离 C。并随时通知施工人员，以便控制巷道方向。

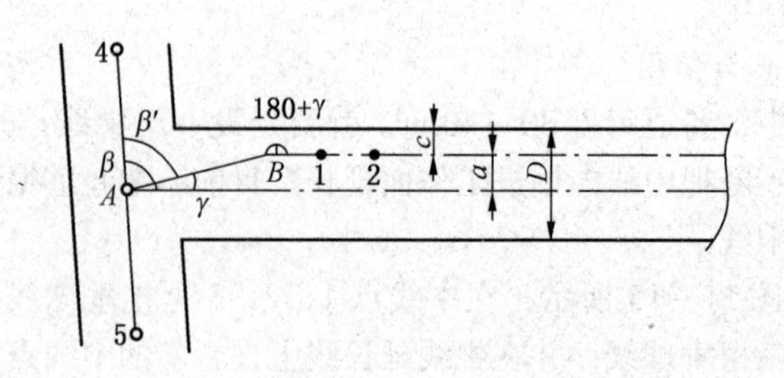

图 11－17　巷道边线测定方法

（三）巷道腰线的标定

巷道的坡度和倾角是用腰线来控制的。标定巷道腰线的测点称为腰线点，腰线点成组设置，每三个为一组，点间距不得小于 2 m，腰线点离掘进工作面的距离不得超过 30～40 m，标定在巷道的一帮或两帮上，若干个腰线点连成的直线即为巷道的坡度线，又称腰线，用其标示掘进巷道在竖直面内的方向。

根据巷道的性质和用途不同，腰线的标定可采用不同的仪器和方法。次要巷道一般用半圆仪标定腰线；倾角小于 8°的主要巷道，用水准仪或连通管标定腰线，倾角大于 8°的主要巷道则用经纬仪标定腰线。对于新开巷道，开口时，可以用半圆仪标定腰线，但巷道掘进 4～8 m 后，应按上述要求用相应的仪器进行重新标定。

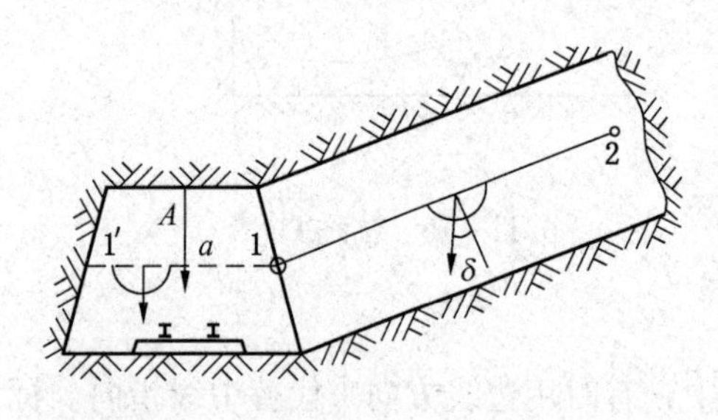

图 11－18　用半圆仪标定倾斜巷道腰线

以下介绍如何用半圆仪标定倾斜巷道腰线。

如图 11－18 所示，1 点为新开斜巷的起点，称起坡点。1 点高程 H 由设计给出，H_A 为已知点 A 高程，从图可知：$H_A - H_1 = h_{Aa}$。

在 A 点悬挂垂球，自 A 点向下量 h_{Aa}，得到 a 点，过 a 点拉一条水平线 11′，使 1 点位于新开巷道的一帮上，挂上半圆仪，此时半圆仪上读数应为 0°。将 1 点固定在巷道帮上，在 1 点系上测绳，沿巷道同侧拉向掘进方向，在帮上选定一点 2，拉直测绳，悬挂半圆仪，上下移动测绳，使半圆仪的读数等于巷道的设计倾角 δ，此时固定 2 点，连接 1，2 点，用灰浆或油漆在巷道帮上划出腰线。

二、掘进设备的日常维护

（一）钻机

1. 气腿式凿岩机

气腿式凿岩机是我国使用最普遍的凿岩机具，其主要机型有 7655、YT24、YT28、ZY24 等，但以上气腿式凿岩机存在无法钻全方位锚杆孔和只能反转不能正转的缺陷。1992 年以来，浙江衢州煤机厂研制开发了可全方位凿孔且能正转的 7665MZ、ZY24M 系列双级气腿凿岩机（专利产品），使炮掘巷道实现了掘进和锚杆施工一体化，机掘巷道实现了顶部和帮锚杆施工、锚杆安装机具一体化。

1）主要结构

气腿式凿岩机主要由凿岩机（冲击及配气机构、转钎机构）、排粉机构、推进机构（单级或双级气缸）、操纵机构、润滑机构组成。风动凿岩机对钎子的冲击都是由活塞在气缸中做往复运动来实现的，主要是配气装置的作用。冲击配气机构由活塞、气缸、导向套及配气装置（包括配气阀、阀套、阀柜）组成。

2）日常维护

（1）新机使用之前必须拆卸清洗内部零件。除去零件表面的防锈油质重新装配时，各零部件配合面必须涂润滑油，两个长螺栓螺母应均匀拧紧；整机装配好后插入钎杆，用力单向转动应无卡阻现象，并应空车轻运转或低气压下（0.3 MPa）运转 5 min 左右，检查运转是否正常，同时检查各操作手柄和接头是否灵活可靠，避免机件松脱伤人。

（2）开机之前接装气、水管，均应吹净管内和接头处脏异物，以免脏异物进入机体内，使零件磨损或水路堵塞。

（3）开机之前注油器要装足润滑油，并调好出油量。耗油量控制在 2.5 ~ 3 mL/min 为宜，即在正常润滑条件下，每隔 1 h 加一次油，油量过大或过小都对机器不利，禁止无油作业。出油量大小由注油器上的油阀调节，油阀逆时针旋转油量增大，顺时针旋转时油量减小直至关闭油路。机器停止运转时，应关闭注油器以防止浪费。

（4）机器开动时应轻运转开动，在气腿推力逐渐加大的同时逐渐全运转凿岩。不得在气腿推力最大时骤然全运转，禁止长时间空车全运转，以免零件擦伤和损坏。拔钎时以轻运转为宜。

（5）垂直向上凿孔时，必须注意安全。开眼时，让钎具稍许前倾。开眼后，让主机与气腿靠到位，使整机直线钻进。在上山和下山巷道，应利用巷道坡度，钻出与顶板垂直的岩孔。

（6）机器用后应先卸掉水管进行轻运转，以吹净机体内残余水滴，防止内部零件锈蚀。

（7）对双级气腿要勤加维护。凿岩时要防止岩石擦伤中筒。每班凿岩完毕，要用水冲洗掉中筒和活塞杆表面的黏附异物，涂刷润滑油，并用手拉动，使其伸缩自如。

（8）经常拆装的机器，在正常凿岩过程中，两个长螺栓螺母易松，应注意及时拧紧，以免损坏内部零件。气腿与主机铰接处，大螺母必须拧紧，而小螺母是用来调节铰接松紧程度的，切勿拧得太紧。

（9）已经用过的机器，如果长期存放，应拆卸清洗，涂油封存。

2. 单体液压顶板钻机

液压钻机是最早用于钻装锚杆的机具，广泛用于岩石抗压强度小于 80 MPa 的岩石中钻孔。国产单体液压顶板锚杆钻机（以下简称液压锚杆钻机）分为两大系列，即 MZ 系列导轨推进式和 MYT 系列支腿推进式。MZ 系列钻机主要结构由主机、操纵架、泵站三大部分组成。MYT 系列钻机主要结构由主机和液压泵站两大部分组成。

1）MZ 系列导轨推进式液压钻机

（1）主要结构和工作原理。MZ 系列钻机主要结构由主机、操纵架、泵站三大部分组成，之间通过高压油管连接。泵站输出的压力油，经过两根主进油管送至操纵架，再通过油管分配到主机的油马达、推进缸和支撑缸，实现钻机的支撑定位和钻孔。

（2）注意事项如下：

① 运输时，主机的支撑缸应收缩到最小尺寸。

② 当钻完孔支撑缸收缩退回时，必须有副司机扶住主机，以免主机倾倒伤人。

③ 正常钻进时，应随时注意顶尖，如发现顶尖松动，没有顶紧顶板，应及时将支撑手柄推至“支撑”位置。

（3）维护和保养时应注意的问题：

① 主机在运输和工作过程中要妥善保管，防止导轨被砸伤。每班工作结束后必须冲洗干净，并在导轨上加油。

② 不要随意拆卸阀件、油管接头。拆卸快速接头时，应采取保护措施。

③ 油箱中的网式滤油器每 2 ~ 3 个月清洗一次，液压油必须上稠化液压油或抗磨液压油。

④ 累计钻孔深度达 2000 m 时进行小修，6000 m 时进行大修。

⑤ 炮掘施工时，钻机泵站应放在爆破飞石不易砸到的地方。

2）MYT 系列支腿式液压锚杆钻机

（1）主要结构及工作原理。MYT 系列支腿式液压锚杆钻机采用全液压驱动结构，主要由主机和液压泵站两大部件组成。液压泵站通过油管连接操纵臂的组合控制阀，液压泵站输出的压力油经过进油管送至操纵臂，由操纵臂上的复合阀分别对马达和支腿进行控制。

（2）维修和保养应注意如下方面：

① 主机在工作、停放和运输时，需要妥善保护。

② 不要随意拆卸阀件、油管接头，拆卸接头时应采取保护措施，严格防止脏物污染液压元件、液压油。

③ 油箱中的网式滤油器每 2 ~ 3 个月清洗一遍，回路中的滤油纸每月更换一次。

④ 注意液压系统的液压油是否有变质、乳化现象，一旦发现及时更换，严禁不同型号的液压油混用。

3. 手持式气动帮部钻机

（1）主要结构及工作原理。手持式气动帮部钻机主要由气马达、减速箱、水控制扳把、气马达控制扳把、扶机把、消音器几部分组成，其中气动马达有两种，一种为叶片式气马达，另一种为齿轮式气马达。

操作者双手握住扶机把，左手开启马达控制阀，压缩空气经过过滤器、注油器滤网由进气口进入气马达驱动气马达旋转，经齿轮、链轮减速后，驱动输出轴带动钻杆钻头旋转切削钻孔或搅拌锚固剂，安装锚杆。钻孔时操作者用右手打开水阀控制阀，冲洗水经过钻杆、钻头冲洗岩孔，冷却钻头。钻孔时的切削力由操作者两臂用力向前推进。

（2）钻机日常维护应注意以下方面：

① 定期拆洗滤网。将气、水接头拆开进行清洗，清除滤网上的杂质。

② 进气管道安装注油器，注油器距钻机的最大距离不得超过 3 m。在每班工作前，检查并给在管道上的注油器加注机油，加油量为班注 50 mL。

③ 减速器及气马达定期添加润滑油，并定期拆洗减速器和气马达，清洗干净后加上规定型号的润滑脂和润滑油。

④ 将气、水管路接上钻机的进气、进水接头，并插牢插销。确保使用中不会脱落。

⑤ 检查水源。给钻机提供清洁的高压水是帮锚杆钻机高效工作的基本条件。

⑥ 检查主气路。在钻孔过程中给钻机提供干燥、洁净的压缩空气，并确保气流量。

⑦ 分别检查气马达和冲洗水的控制扳把，保证动作灵活，准确无误。

⑧ 检查钻杆的直度及内孔。钻杆的不直度不得超过1 mm/m，内孔不得堵塞，钻杆的六方不得磨损。

⑨ 检查钻头不得磨损。

⑩ 钻孔过程中，工作气压不得超过1 MPa。气压增大，输出扭矩增大，过大的扭矩使操作者很难手持操作。

（二）装岩设备

装岩机如按照用途分类有平巷用、斜巷用、装煤用、装岩用四种；按照行走方式分有轨轮式、履带式、轮胎式三种；按照使用动力分有电动、风动和内燃机驱动；按照工作机构分类更多，其中井下常用的有铲斗式、耙斗式、蟹爪式及立爪式等。

1. 铲斗式装载机

铲斗式装载机有后卸式和侧卸式两大类。其工作原理和主要组成部分基本相同。一般包括铲斗、行走、操作、动力几个主要部分。工作时依靠自身重量运动所产生的动能，将铲斗插入碎石，铲满后将碎石卸入转载设备或矿车中，工作过程为间歇式。

1）铲斗后卸式装载机（图8－1）

装岩时，通过操纵箱操纵装岩机沿轨道冲入岩堆，铲斗装满岩石后后退，并同时提起铲斗，把岩石往后翻卸入矿车，即完成了一个装岩动作。随着装岩工作面向前推进，必须延伸轨道。延伸轨道的方法，多用辅助轨道，如临时短道或爬道，如图8－2所示，其中爬道比较可靠，并且节约时间。

2）侧卸式装载机（图8－3）

为了适应大断面巷道，这类装载机一般采用履带式或胶轮式行走机构，装载宽度较大，设计生产能力较高，它的装岩方式与一般铲斗式装载机相同，不同的是可向左右任意一侧卸载，可与装载机或其他运输设备组成装岩作业线。

2. 耙斗式装载机

耙斗式装载机按其传动方式不同，分为行星轮式和摩擦式两种，前者已初步形成系列。耙斗式装载机主要由绞车、耙斗、台车、槽子、滑轮组、固定装置、固定楔等几部分组成，如图8－4所示。

耙斗装载机在工作中用固定装置（卡轨器）将台车固定在轨道上，并用固定楔将尾轮悬吊在工作面。工作时通过操纵把手使行星轮或摩擦传动装置作用，使主滚筒主动转动，副滚筒从动转动，耙斗即将岩石耙入卸料槽，反之，耙斗就空载返回工作面；当台车需要向前移动时，可同时使主、副滚筒缠绕主副绳，台车即整体向前移动。

1）耙斗构造的主要参数

（1）耙斗的形状与耙角。耙斗按形状分有箱式耙斗、耙式耙斗和双面耙斗。

箱式耙斗两面有侧帮，采用平耙齿，适用耙煤或块度不大的岩石。耙式耙斗采用梳形耙齿，适用于较大块度的硬岩。双面耙斗，也称为半箱式，一般采用平耙齿，也可以双面使用，当遇到软岩使用箱式一面，可以提高效率，保护底板；当遇到一般岩石时，可以将耙斗翻转使用。耙斗的长、宽、高之比，一般为2∶1.5∶1。

耙斗的耙角是耙斗置于水平位置时，耙齿内侧与水平面所成的夹角，见图8－5。耙角不是耙斗工作状态时的倾角。工作时，碰头将抬起，此时耙齿与水平面的夹角为工作状态时的倾角，称为插入角。插入角过大时，耙斗易在岩堆上跳跃，过小时则耙斗插入阻力增大，故一般在水平巷道或上山巷道多采用50°～55°耙角。耙齿材料多采用高锰钢（13锰），并且用活齿，便于更换。

（2）耙斗的重量与重心。耙斗的插入角、重量与重心的位置决定着耙斗插入岩石的难易程度，耙斗的重量可按下式公式计算

$$p = bq$$

式中　p——耙斗重量，kg；

b——耙斗宽度，cm；

q——耙斗单位重量kg/cm，对于硬岩及大块岩石时，$q=5\sim6$，一般岩石时，$q=3\sim4$。

耙斗重心应在耙斗两端钢丝绳牵引点连线以下，并以接近耙齿尖为宜。

2）固定楔与卡轨器

固定楔用于悬吊工作面尾轮，要求工作可靠、装卸容易。有硬岩用和软岩用两种形式。它是由楔体和紧楔两个部分组成，使用于硬岩的固定楔一般用45号钢制成，长度400～500 mm，用于软岩的固定楔的楔体是用钢丝绳与圆锥套铸铅合金而成，一般长度为600～800 mm。

耙斗装岩机机车架上装有卡轨器，将机身固定在轨道上，防止耙岩时机器震动和位移。

3. 蟹爪式装载机

它的特点是装岩工作连续，其主要组成部分有蟹爪、履带行走部分、输送机、液压系统和电器系统等。

这类装载机前端的铲板上设有一对由偏心轮带动的两个蟹爪，由电动机驱动不断扒取岩石。岩石经刮板输送机运到带式输送机上，然后装入运转设备，或者不设带式输送机，由刮板机直接装入运转设备。输送机的上下左右摆动，以及铲板的上下移动都有液压驱动。机器以履带行走，工作时履带可作慢速推进，使装载机徐徐插入岩堆。

这类装载机生产能力大，工作连续，产生粉尘较少，装岩宽度不受限制，辅助工作量小，易于组织机械化作业线。

（三）喷射混凝土机具

1. 混凝土喷射机

混凝土喷射机是喷射混凝土工艺中最主要的设备，它的类型比较多，可分为干式、湿式、潮式三种。

2. 喷头

干式喷射机使用的喷头（图11－19）通常由水环和拢料管组成，水环的周围内壁上有出水小孔。

喷头的作用，一方面是使干的拌和料在此处与水环小孔内喷出的水相混合；另一方面因断面变小使混合料流速加快，以便更有力、更集中地喷向岩面。拢料管的作用是增加拌

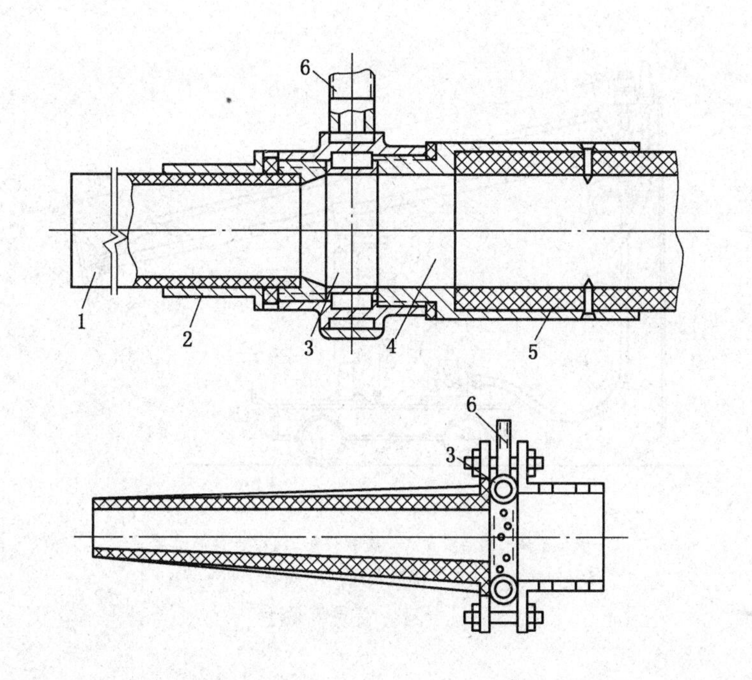

1—拢料管；2—拢料管接头；3—水环；4—输料管接头；5—输料管；6—水管接头

图 11－19 常用喷头结构形式

和料与水混合的时间，减少混凝土回弹量。

3. 混凝土搅拌机

为了适应喷射混凝土施工的特点，可采用 JW－200 型涡桨式搅拌机。这种搅拌机工作时粉尘少、水泥散失量小，且搅拌快而均匀。

此外还可选用“安Ⅳ型”螺旋混凝土搅拌机（图 11－20），它能使水泥和骨料自动按比例进入搅拌器，搅拌好的干混合料能直接输送到喷射机的料斗，而且它的上料高度可以调整，以适应多种喷射机的配套使用。

图 11－20 “安Ⅳ型”螺旋混凝土搅拌机

4. 上料设备

向喷射机上料是一项繁重工作，除“安Ⅳ型”搅拌机能直接上料外，其他搅拌机都需配上料设备。常用的上料设备为长 4～5 m、宽 400～500 mm 的带式输送机。

5. 喷射混凝土机械手

国内外机械手型号甚多，国产的有简易机械手和液压机械手两种类型。简易机械手（图 11－21）工作时，喷射位置可由人工调整手轮、立柱高度和小车位置完成，喷嘴的摆动由电动机、减速器通过转轴带动。液压机械手如图 11－22 所示，其特点是全部动作由液压驱动。

这两种机械手存在的共同问题是必须在工作面的岩石装出后才能工作，因此对于松散

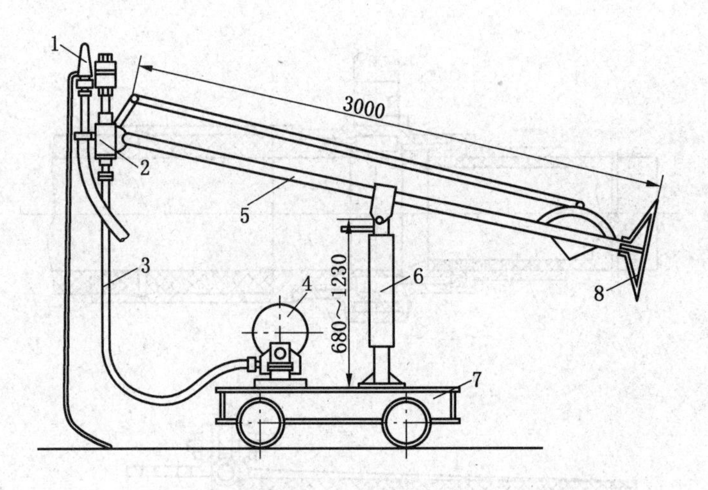

1—喷头；2—回转器；3—软管；4—电动机及减速器；
5—回转杠杆；6—收缩立柱；7—小车；8—手轮

图 11－21　简易机械手

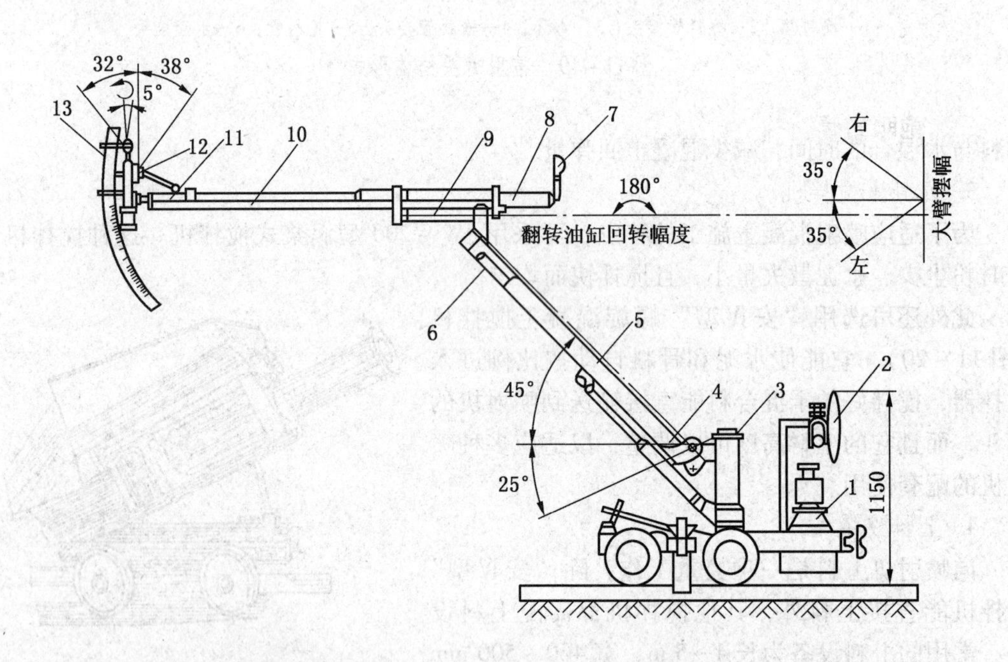

1—液压系统；2—风水系统；3—转柱；4—支柱油缸；5—大臂；6—拉杆；7—照明灯；8—收缩油缸；
9—翻转油缸；10—导向支撑杆；11—摆角油缸；12—回转器；13—喷头

图 11－22　液压机械手

岩石无法进行及时支护；工作时需占用轨道，组织掘进与支护平行作业较困难。但是机械手可以改善工作条件，喷嘴易置于喷射效果最佳位置。

第十二章

巷 道 掘 进

第一节 钻岩爆破技术

目前，岩巷掘进的破岩方法仍然以钻岩爆破法为主。钻岩爆破法工作应该满足以下要求：炮眼利用率要高，爆破材料的消耗量要低；对巷道围岩的破坏要小；巷道的断面规格、方向、坡度应符合设计要求；爆下的岩石块度均匀、适度，岩堆高度适中便于装载。

为获得良好的爆破效果，必须正确地布置炮眼，合理确定爆破参数，选用适宜的爆破器材和改进爆破技术。

一、炮眼布置

（一）掏槽方法

根据掏槽眼与工作面之间的夹角，可分为：①斜眼掏槽法，其中有单向掏槽、锥形掏槽、楔形掏槽；②直眼掏槽法，其中有平行龟裂掏槽、角柱掏槽、菱形掏槽、螺旋掏槽；③混合掏槽法，即斜眼和直眼混合槽。

1. 斜眼掏槽法

斜眼掏槽法是常见的一种掏槽法。其优点是可以充分利用自由面，逐渐扩大爆破范围，掏槽面积较大，适用于大断面巷道。其缺点是炮眼深度受巷道宽度限制，因此循环进尺受到限制，不利于多台凿岩机同时作业。

1）单向掏槽法

这种方法用于有明显的松软夹岩的工作面（图 12－1）。

2）锥形掏槽法

这种方法掏出的槽腔成锥体形（图 12－2），炮眼数一般为 3 个或 4 个，由于装药量比较集中，爆破效果好。但炮眼深度受到较大的限制，而且钻眼很不方便。

3）楔形掏槽法

这种方法掏出的槽腔成楔形，应用广泛。坚硬岩石多数情况下采用垂直楔形掏槽（图 12－3）。

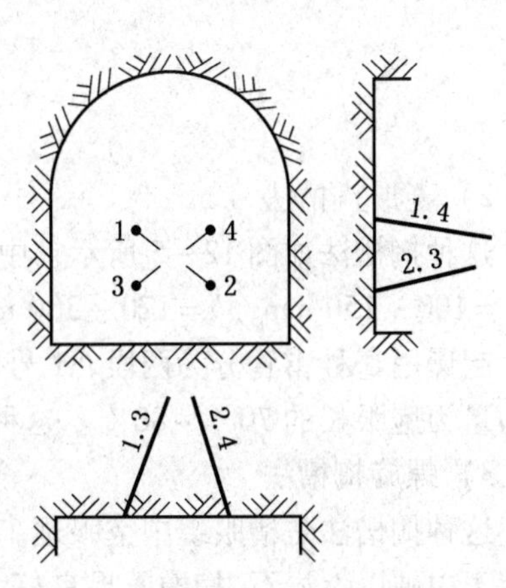

图 12－1 单向掏槽

掏槽眼数根据断面和岩性，一般 6 ~ 8 个，炮眼与工作面的夹角大致为 65° ~ 75°，槽宽根据眼深和夹角，一般为 1.0 ~ 1.4 m，掏槽眼的排距为 0.4 ~ 0.6 m。

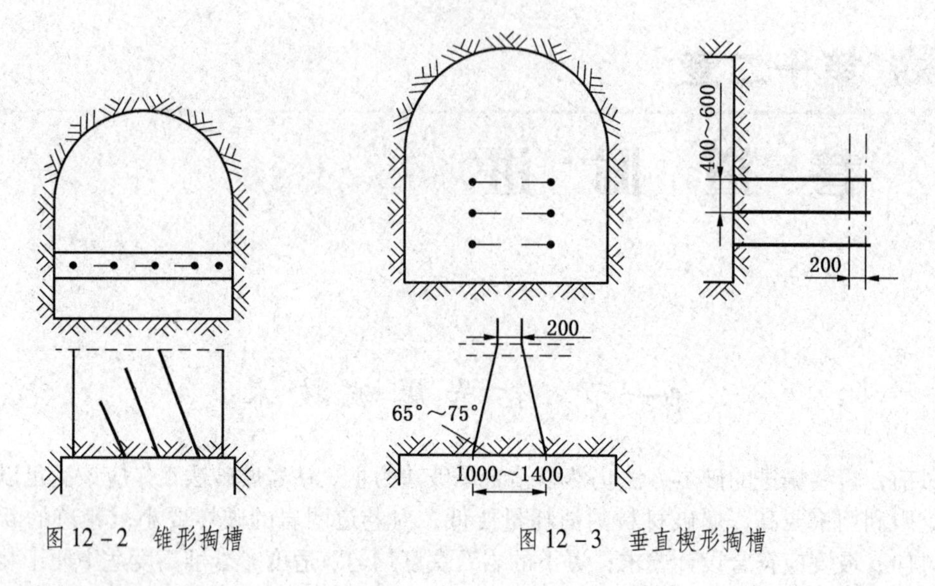

图 12－2　锥形掏槽　　　　图 12－3　垂直楔形掏槽

2. 直眼掏槽法

这种掏槽法的特点是所有掏槽眼都垂直于工作面，间距较小，而且保持平行，同时留有不装药的空眼。

1）角柱掏槽法

这种掏槽法的形式很多，掏槽眼一般都对称布置，适用于中硬岩石，现场应用较多。眼深一般 2.0 ~ 2.5 m，眼距 100 ~ 300 mm（图 12－4）。

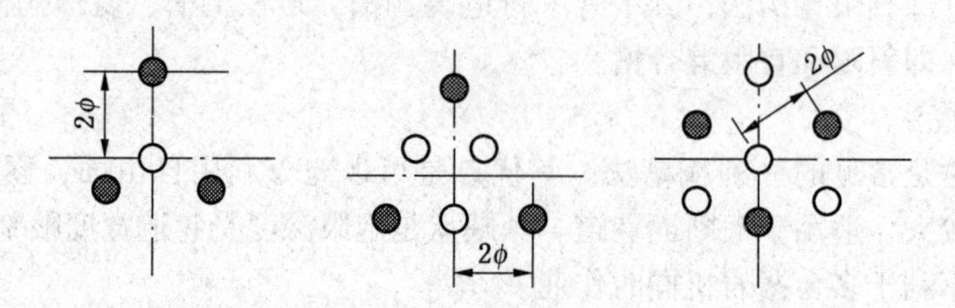

图 12－4　角柱掏槽

2）菱形掏槽法

这种掏槽法如图 12－5 所示，中心眼为不装药的空眼，各眼距根据岩石性质而定，一般 $a = 100 \sim 150$ mm，$b = 170 \sim 200$ mm。若岩石坚硬，可采用间距 100 mm 的两个中心空眼，起爆用毫秒雷管分为两段，1 号眼至 2 号眼为一段，3 号眼至 4 号眼为二段。每眼的装药量为炮眼长的 70% ~80% 。这种掏方法简单，效果很好。

3）螺旋掏槽法

这种掏槽法是槽眼绕中空眼逐步扩大槽腔，能形成较大的掏槽面积，如图 12－6 所示。它用于中硬以上岩石，掏槽效果良好。中心空眼最好采用大直径（75 ~ 120 mm）炮孔，掏槽效果更好。一般除空眼外，有 4 个炮眼即可。采用毫秒雷管起爆顺按眼号 1，2，3，4 进行。

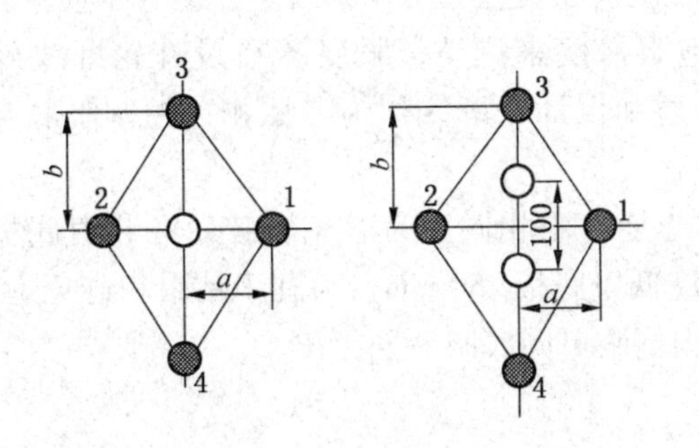

图 12－5　菱形掏槽

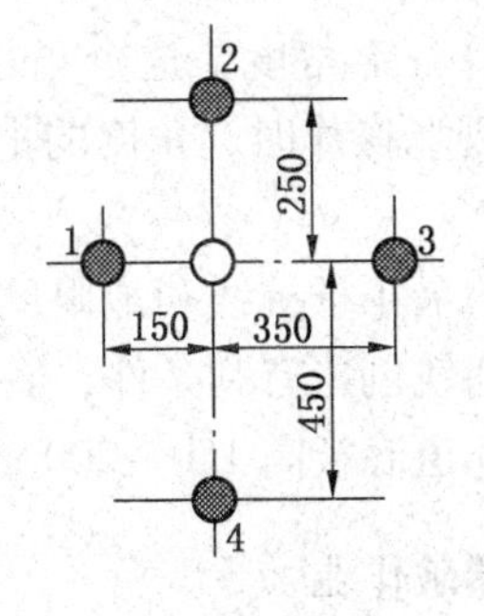

图 12－6　螺旋掏槽

综上所述，直眼掏槽的破碎岩石不是以工作面作为主要自由面，而是以空眼作为主要自由面，因此岩石破碎的方向主要指向空眼。所以采用直眼掏槽时，应注意以下几点：

（1）空眼与装药眼之间的距离，一般为空眼直径的 2～4 倍。

（2）随着炮眼深度和槽腔体积的增加，空眼数相应增加。

（3）直眼掏槽一般都是过量装药，装药系数一般为 70%～80%。

（4）由于空心眼内往往聚集瓦斯，所以在有瓦斯爆炸危险的地区，应慎重使用，要有周密的安全措施。

3. 混合掏槽法

直眼掏槽时，槽腔内的岩碴往往抛不出来，影响其他眼的爆破效果，因此在直眼掏槽的外圈再补加斜眼掏槽，利用斜掏槽眼抛出槽腔内的岩碴，这样就形成了混合掏槽法（图 12－7）。一般斜眼作楔形布置，它与工作面的夹角一般为 85°。在有条件的情况下，斜眼尽量朝向空眼，这样更有利于抛碴，装药系数以 0.4～0.5 为宜。

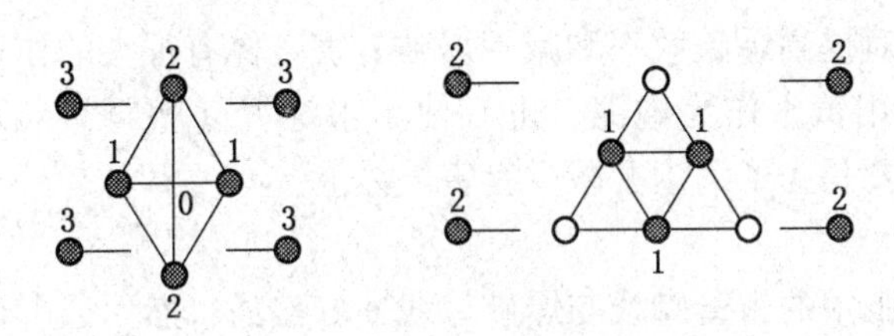

图 12－7　混合掏槽

（二）辅助眼布置

辅助眼又称崩落眼，是布置在掏槽眼与周边眼之间的炮眼，它是大量崩落岩石和刷大断面的炮眼。崩落眼以槽洞为中心层布置，崩落眼的间距应根据岩石的最小抵抗线确定，一般为 500～650 mm，方向基本垂直工作面，布置要比较均匀。紧邻周边眼的辅助眼应为周边眼的光爆创造条件，所以应采取与巷道的轮廓线相似形状布置，使之与周边眼的间距处处相等。辅助眼的眼口及眼底应均匀地分布在掏槽眼和周边眼的眼口及眼底之间，使崩下的岩块大小和堆积距离都便于装岩工作。

（三）周边眼的布置

周边眼是控制巷道成形的炮眼。眼距一般为 300～500 mm，布置在巷道轮廓线上。周边眼可分为顶眼、帮眼和底眼。顶眼和帮眼应布置在设计轮廓线上，但为了便于打眼，通常向外偏斜一定角度，这个角度根据炮眼深度来调整，眼底落在设计轮廓线外不超过 100 mm。现场操作时，角度的把握以钎肩和设计轮廓线作为参照物，控制眼底与轮廓线的距离。

底眼的最小抵抗线和炮眼间距通常与崩落眼相同。为避免爆破后在巷道底板留下底根，并为铺轨创造有利条件，底眼眼底应低于底板 250 mm。为利于钻眼和避免炮眼积水，眼口应比巷道底板高 150 ~200 mm。水沟炮眼可同底眼一同打出。

二、爆破作业

（一）装药前的准备工作

炮眼打完后，把掘进工作面所打眼全部用高压风吹一遍，把里边的岩粉吹净，然后把钻岩工具收起，并做好爆破前的准备工作。

《煤矿安全规程》第三百四十七条规定：井下爆破工作必须由专职爆破工担任。突出煤层采掘工作面爆破工作必须由固定的专职爆破工担任。爆破作业必须执行“一炮三检”和“三人连锁爆破”制度，并在起爆前检查起爆地点的甲烷浓度。

（二）装药和装药结构

装药时，要细心地将药卷装到眼底，不要擦破药卷，不得弄错雷管段号，不得拉断雷管脚线。有水的炮眼，尤其是底眼，必须使用防水药卷或加防水套，以免受潮拒爆。

装药结构按起爆药卷所在位置不同，有正向装药和反向装药两种形式。其中起爆药包位于柱状装药的外端，靠近炮眼口，雷管底部朝向眼底的起爆方法称为正向起爆；起爆药包位于柱状装药的里端，靠近或在炮眼底，雷管底部朝向炮眼口的起爆方法称为反向起爆。不论是正向装药还是反向装药，起爆药包必须位于装药的一端，不得“盖药”或“垫药”，所有药卷的聚能穴必须与传爆方向一致。

炮眼的填塞质量对提高爆破效率和减少爆破有害气体有很大的作用。装药后必须充填炮泥并捣实。现场多用黄土作为炮泥，也有使用水炮泥（塑料袋装水），外边再封以炮泥。水炮泥的作用主要是为了消尘并减少有害气体。

（三）联线

联线就是把各炮眼中的雷管脚线与爆破母线连好接通，然后通电起爆。

联线时必须将雷管脚线的接头刮净并扭结牢固。和爆破母线联接前，要先检查母线是否有电，如若有电，一定要查明原因，彻底排除杂散电流的干扰，然后才能与脚线相联。联线前，远离工作面一头的母线应扭结在一起，以防杂散电流经母线而形成通路。联线时，无关人员应撤离工作面，以保证安全。

装药、联线工作应建立岗位责任制，做到定人、定眼、包装、包联，并设专人检查。

（四）爆破工作安全事项

（1）爆破前，班组长必须指定专人在可能进入爆破地点的通路上设置岗哨，执行三人连锁爆破制。

（2）爆破时，只准爆破员一个人进行工作。爆破器的钥匙必须由爆破员随身携带，不得转交别人。

（3）爆破员必须在有掩护的安全地点给电爆破（岩巷掘进直巷 100 m、拐弯巷道 75 m

内不得有人)。爆破前，应发出明显的爆破信号。

(4) 爆破后，必须将爆破母线从电源上摘下，并将其扭结在一起。如通电后不爆，使用串瞬发雷管时要等5 min，使用延时雷管时，要等15 min，才可沿线路检查，找出不响的原因并进行处理。

(5) 爆破后，在炮烟没有吹散时，人员不准进入工作面。

(6) 发现拒爆必须在班组长指导下进行处理，当班处理完毕。如果当班未能处理完毕，当班爆破工必须在现场向下一班爆破工交待清楚。处理拒爆按照《煤矿安全规程》第三百七十二条规定进行处理：①由于联线不良造成的拒爆，可重新联线起爆；②在距拒爆炮眼0.3 m以外另打与拒爆炮眼平行的新炮眼，重新装药起爆；③严禁用镐刨或者从炮眼中取出原放置的起爆药卷，或者从起爆药卷中拉出电雷管。不论有无残余炸药，严禁将炮眼残底继续加深；严禁使用打孔的方法往外掏药；严禁使用压风吹拒爆、残爆炮眼；④处理拒爆的炮眼爆炸后，爆破工必须详细检查炸落的煤、矸，收集未爆的电雷管。⑤在拒爆处理完毕以前，严禁在该地点进行与处理拒爆无关的工作。

三、光面爆破

(一) 实现光爆的技术措施

光爆施工方法虽有几种，但广泛使用的是修边爆破法（或称预留光面层法、缓冲爆破法等）。其实质是通过紧靠周边眼布置的一圈辅助眼的爆破先做出一个粗断面，给周边眼留下一个厚度比较一致（300 ~ 500 mm）的光面层，再使周边眼爆破，获得设计所要求的平整的巷道断面。周边眼的装药量、眼距、最小抵抗线，装填结构和起爆顺序等都对光爆效果有着显著的影响，必须合理地确定各有关参数和相应的技术措施。

1. 周边眼的间距和最小抵抗线

在采用预留光面层的爆破中，爆破后岩面的平整程度与炮眼密集系数关系密切。实践表明，当密集系数为0.8 ~ 1.0时，能得到较好的爆破效果，但在巷道曲率半径小的部位或岩石松软、破碎，节理发育带，密集系数应取0.6 ~ 0.8，巷道断面小或岩石坚硬时，取1.0 ~ 1.2为宜。

2. 周边眼的装药量

为避免围岩产生裂缝，必须严格控制周边眼的装药量。根据实践经验，使用3号岩石硝铵炸药，眼深小于2 m时，一般不宜超过以下数值：

软岩（$f=2 \sim 3$），100 ~ 150 g/m；

中硬岩（$f=4 \sim 6$），150 ~ 200 g/m；

硬岩（$f=8 \sim 10$），200 ~ 250 g/m。

3. 合理选择装药结构

选择装药结构的目的，是使药卷能均匀地分布在炮眼中，并缓冲炸药对围岩的破坏作用。装药结构方式有三种。

1）细药卷不耦合装药

一般药卷直径32 mm，炮眼直径42 mm，其不耦合系数是1.31；而细药卷直径25 mm，其不耦合系数是1.68。实践证明不耦合系数越大，周边眼留下的半边眼痕越多，光爆的效果越好。

2）眼底集中空气柱装药

这种装药是将药卷装入眼底，再装上水炮泥，眼孔内全长均留有空气柱，只在眼口用炮泥（长度不少于300 mm）进行封堵塞紧。这种方法操作简单，效果可靠，目前浅孔爆破普遍采用。

3）分节空气柱装药

采用眼底空气柱装药法，装药不宜多于两卷；若想使周边眼多装药，应采用分节空气柱装药法，即在眼底和炮眼中间分两节或三节进行装药，需用竹片固定炮头，中间用导爆索引爆。这种装药结构具有爆生气体作用均匀、光爆效果较好的优点，但装药复杂，一般中深孔、深孔光爆采用，浅孔光爆很少采用。

（二）光面爆破的炮眼参数

在煤矿生产中，为保证巷道的成形，应该采取光面爆破，而确定合理的爆破参数，是中深孔爆破能否成功的关键。影响爆破的关键因素在于掏槽形式和炮眼布置形式以及装药量，各爆破参数确定按照下面原则确定。

1. 采用直眼掏槽最为合理

直眼掏槽的特点是设置空眼作为自由面，然后起爆空眼邻近的炮眼，逐步扩大到400～800 mm时，即可为辅助眼形成足够的自由面。直眼掏槽的形式主要有角柱形、菱形和螺旋形。可根据岩石的具体力学性质选择合适的掏槽形式。

2. 炮眼布置

根据巷道的断面、岩石坚固性系数、炮眼深度、药卷直径和单位耗药量，按照明捷利经验公式可确定炮眼个数。

$$N=(232S0.16\sqrt{f}L_a0.19e)/D_c$$

式中 N——炮眼个数；

S——掘进断面，m^2

f——岩石坚固性系数；

L_a——炮眼深度，m；

D_c——装药直径；

e——炸药爆力校正系数，取1。

为了能更好实现光爆，必须确定周边眼的间距。周边眼的间距和周边眼的最小抵抗距两者之间存在如下关系：

$$m=E/W$$

式中 m——炮眼密集系数，一般为0.8～1.2；

E——周边眼的间距，一般取400～600 mm；

W——最小抵抗距。

当掏槽眼和周边眼布置好后，布置崩落眼和辅助眼要以掏槽为中心，层层布置。

3. 装药量

装药的多少，取决于岩石性质和炸药品种。在岩巷掘进中，一般采用经验数据，通常按照装药系数确定。

4. 装药结构

按照装药结构、雷管的聚能效应和爆轰中出现的间隙（管道）效应，以及各眼的不同装药量，在中深孔爆破中，掏槽眼、周边眼采用反向装药，掏槽眼在眼底先垫一个正向药包，有利于提高炮眼利用率。

5. 起爆方法

采用一次全断面起爆。

四、气腿式风动凿岩机的常见故障和排除

气腿式风动凿岩机常见故障及排除方法见表 12－1。

表 12－1 气腿式风动凿岩机常见故障及排除方法

故障类别	原 因	排 除 方 法
钻眼速度降低	工作气压低	1. 核算压气管路负荷，如超过额定值，应适当减少风动机械台数； 2. 消除管路漏风； 3. 使风管直径和控制阀门规格满足要求； 4. 胶皮软管过长，应截短，以不超过 10～20 m 为宜
	气腿推力不足，伸缩不灵，机器后跳	1. 减少气腿与地面的夹角； 2. 气腿活塞胶皮碗松动的，应垫牢；严重磨损的，应更换； 3. 横臂环形胶圈磨损、缸体与柄体联结处的密封圈损坏或丢失，应及时更换； 4. 架体与外管螺栓联结不紧，气腿内气管两个小密封胶圈损坏或丢失，应及时更换； 5. 柄体手把扳机及换向阀卡死不动，应及时检修
	润滑不良	1. 注油器无油，应立即装满； 2. 注油器油路小孔堵塞，应及时导通； 3. 润滑油黏度太大或太脏，应按要求更换
	从机头端部向外流水，破坏正常润滑	1. 水针折断，须立即更换； 2. 钎杆中心孔不通或太小，须疏通或更换； 3. 水针出口孔径超过 3 mm，致使水压降低，须更换合乎要求的水针
	发生洗锤现象	1. 水压高于风压，致使压力水向机体内倒灌，应及时采取降低水压的措施，使之符合要求； 2. 注水系统失灵，风水混合进入机体，应立即检修
	主要零件磨损	1. 缸体和活塞配合面擦伤，用油石磨光； 2. 配气阀磨损超限，应及时更换； 3. 主要零件活塞、螺旋棒、螺旋帽、棘爪、转动套、钎尾套等磨损超限，要及时更换
	眼内积存石粉过多	1. 钎子中心孔堵塞，应及时导通； 2. 冲洗水量不足，应及时加大； 3. 开动机器带动钎子在炮眼内往复拉动，加强吹洗效果
	钎尾长度不符合要求	应更换符合要求的钎子
	轴推力过大，时打时停	调节气腿轴推力，使之适当
	钎刃磨钝	换新钎头
	凿岩机漏风	拧紧联结螺栓

表12-1（续）

故障类别	原　因	排 除 方 法
凿岩机不动作；气缸发热	活塞损坏或脏物卡住转动件；加油不足	1. 及时拆洗和调换已损零件； 2. 及时加足润滑油
水针折断	活塞端部打堆或钎尾中心孔不正	1. 更换活塞； 2. 更换钎子
	钎尾与钎尾套配合间隙过大，工作时摆动	钎尾套磨损超限，应及时更换
	排针太长	修整水针长度使之合乎要求
	钎尾大孔太浅	应按钎尾加工图制作
气水联动失灵	水压过高	采取措施，降低水压
	气路和水路小孔堵塞	导通小孔
	注水阀体内零件锈蚀	清洗除锈
	密封胶圈损坏	及时更换
	水阀弹簧疲劳失效	及时更换
供水不足	水针和钎子中心孔堵塞	及时导通
	水针长度不够	更换水针
	钎尾打碎	注意淬火，避免过软或过硬

五、其他破岩方法

1. 水力破岩法

水力破岩法，就是利用高压水射流直接破落岩体。高压水射流破岩具有以下优点：

（1）将高压液体的巨大能量集中到一个小面积的冲击点上，能切割和破碎坚硬岩石。

（2）工作时没有刀具磨损和产生火花问题，适宜井下作业。

（3）破煤岩产生的水雾，灭尘效果好，极好地改善了劳动条件。

（4）射流对喷嘴反作用小，因此采用射流装置的机械质量小。

高压水射流按结构和发射方式不同，大体可分为脉冲射流及连续射流两大类。

高压水射流破岩机理主要是水楔破岩理论。当射流冲击无裂隙岩壁时，在岩体内除产生压应力外，还在冲击接触区边界周围产生拉应力，当拉应力超过岩石的抗拉强度时，岩壁便被拉开形成裂隙。当岩壁初步形成裂隙后，在射流冲击力的作用下，水浸入裂隙空间，使裂隙尖端产生拉应力集中区，使裂隙扩展，致使岩石破碎。这种作用，与在岩石内楔入一个钢锲子相似，使岩石劈开破碎，因此称为水楔作用。水楔作用是连续进行的，射流距岩体愈近，水压愈大，水楔作用愈大。当射流冲击裂隙岩层时，水楔作用更明显。

2. 风镐破岩

风镐的主要用途是在井筒和岩石、半煤岩巷道掘、砌时的辅助凿岩工具。如开帮、挑顶，挖掘底槽、水沟，破碎大块矸石等。有时也可作为主要挖掘设备，如冻结施工的井筒挖掘，煤巷瓦斯浓度降不到1%以下及穿过危险地段不准钻眼爆破掘进时等。

使用中的安全注意事项：

（1）镐钎尾部与缸套固定配合必须适当，以防偏斜和卡死。

（2）风镐应按时检修、涂油，及时更换损坏的零件。

（3）工作时，应保持正常风压，连接风管前应先排除风管中的污物、污水。风镐滤风网应及时清理，不得随意取掉不用。

（4）若风镐卡在岩缝中，不可猛力摇动风镐，以免镐筒和连接套螺纹受损。

（5）风镐在使用中，不准摔碰及用硬物敲、砸等。

（6）现场拆卸下来的风镐零件应妥善保管。风镐用完后应擦净、涂油放在安全地点，长期不用的风镐应检修后入库。

第二节 矸 石 运 输

岩巷施工中，装岩工作是最费时、最繁重的工作，一般情况下它占掘进循环的35% ~ 50%，因此做好装岩工作，与提高效率、加快掘进速度、改善劳动条件及降低成本关系密切。装岩工作包括装岩和车辆运输两项工作，这两项工作必须做到配备人员适当、协调一致、操作熟练、机械故障少等，才能取得较好的工作效果。目前国内已生产出各种类型、适应不同条件的装岩机械及调运设备，并且正在逐步予以配套，形成装岩工作的机械化作业。

组织好装岩工作，必须熟悉装运设备的工作条件、机械性能、配套方法、存在的问题及其潜力等。

一、装岩机的选择

选择装岩机要考虑的因素较多，主要应考虑巷道断面的大小；考虑装岩机的装载宽度和生产效率，适应性和可靠性，操作、制造和维修的难易程度；考虑装岩机与其他设备的配套，装岩机的造价和效率等。

铲斗后卸式装载机，一般构造简单，适应性较好，以往使用较多。但是，它的生产能力小，装岩方式不合理，间歇装岩，效率低，易扬起粉尘，要求有熟练技术，装岩宽度较小。故一般应用于单轨巷道。

侧卸式装载机，铲取能力大，生产效率高，对于大块岩石、坚硬岩石适应性强；履带行走，移动灵活，装卸宽度大，清底干净；操作简单、省力。但构造复杂、造价高、维修要求高、间歇装岩，使用于12 m^2 以上的双轨巷道。

耙斗装岩机，构造最简单，维修、操作都容易；适应性强，可用于平巷、斜巷以及煤巷等。但是它的体积大，移动不方便，有碍于其他机械使用，间歇装岩；底板清理不干净，人工辅助工作量大；耙齿和钢丝绳损耗大，效率低。适应于单轨巷道。

蟹爪式、立爪式以及其组合装载机的装岩动作连续，可与大容积、大转载能力的运输设备和转载设备配合使用，生产效率高；履带行走，移动灵活，装载宽度大，清底干净；工作需要空间小，适用于单、双轨巷道；装岩方式合理，效率高，粉尘小。但是构造复杂，造价高；蟹爪与铲板易磨损，装坚硬岩石时，对于制造工艺和材料耐磨要求较高。

目前国内使用最多的装载机仍是铲斗后卸式装载机与耙斗式装载机，侧卸式装载机次之，蟹爪式和立爪式装载机正在不断完善和发展。在实际工作中应根据工程条件、设备条件以及上述应考虑的因素，参照各种装载机的技术特征进行选择。

二、耙装机移动有关规定

（1）耙装机移动前，应先清理耙装机周围的岩石，铺好轨道，将耙装机簸箕口抬起，用钩鼻挂住，两侧小门向内关闭。

（2）在平巷中移动耙装机时，应先松开卡轨器，整理电缆，然后用自身牵引移动，牵引速度要均匀，不应过快。若用小绞车牵引移动时，要有信号装置，并指定专人发信号。耙装机移到预定位置后，应将机器固定好。

（3）在上、下山移动耙装机时应执行以下规定：

① 要利用小绞车移动耙装机，并应设专职信号工和小绞车司机。

② 移动耙装机前，有关人员应对小绞车的固定，钢丝绳及其连接装置，信号、滑轮和轨道铺设质量等进行一次全面检查，发现问题及时处理。

③ 小绞车将耙装机牵引住之后，才允许拆掉卡轨器。

④ 移动耙装机过程中，在机器下方禁止有人工作或停留。

⑤ 耙装机移到预定位置后，须先固定好卡轨器及辅助加固设备，方准松开绞车钢丝绳。

⑥ 在倾角较大的上山移动耙装机时，可采用绞车和耙装机同时牵引，但两个装置的钢丝绳牵引速度应同步。

三、耙斗装岩机常见故障分析与排除

耙斗机常见故障及处理见表 12－2。

表 12－2　耙斗机常见故障及处理

序号	故　　障	主 要 原 因	处 理 方 法
1	按下启动按钮电机不能启动	1. 电源未合闸或换向开关接触不良； 2. 热继电器未复位或熔断器熔断； 3. 控制线路开路或短路； 4. 控制回路二极管损坏	检查修复
2	电机不能停止	1. 交流接触器触头焊住； 2. 交流接触器动作部分卡住	用前一级开关切断电源、检查复修

表12-2（续）

序号	故 障	主 要 原 因	处 理 方 法
3	电动机声音异常，转数低而且停转	耙斗被卡住，电机过负荷	倒退耙斗，重耙
4	绞车启动后闸带未抱滚筒，空滚筒或重滚筒不转动	1. 行星轮损坏； 2. 中心轮损坏； 3. 行星轮轴承损坏	更换
5	绞车启动后，一个滚筒能工作，另一个失效	1. 中心轮损坏； 2. 中心轮键损坏； 3. 闸带损坏	更换
6	行星轮传动系统声音不正常，滚筒运转不稳	1. 中心轮和行星轮间或行星轮和内齿轮间有杂物； 2. 内齿轮长期受热变形	1. 停车清理； 2. 更换
7	绞车闸轮过度发热	1. 闸带不复原； 2. 闸带太松，刹车时未能紧紧抱闸； 3. 闸带与闸带轮之间有油渍； 4. 连续运转时间过长	1. 修理闸带； 2. 调整调节螺栓； 3. 清除油渍； 4. 停车散热
8	刹车时操作费力	1. 操纵机构的转轴和连杆受阻； 2. 刹车带调节螺栓太松	1. 清除障碍物； 2. 拧紧调节螺栓
9	绳轮的轮槽磨穿	1. 未经常注油，转动不灵； 2. 轴承严重磨损未换； 3. 安装有歪斜	更换
10	尾轮和导向轮卡绳、乱绳	1. 绳轮侧板上未加挡绳装置或挡绳装置已坏； 2. 滚筒上未加挡绳板或挡绳板过薄，使用中变形； 3. 辅助刹车失灵	1. 增添挡绳装置或更新； 2. 增添挡绳板或更新； 3. 调整辅助刹车或更换、弹簧
11	钢丝绳拉断或脱出	1. 钢丝绳磨损严重而拉断； 2. 钢丝绳绳夹未夹牢使钢丝绳脱出	1. 截去严重磨损部分或更新； 2. 重新夹牢钢丝绳
12	滚筒内钢丝绳缠乱	1. 电机反转； 2. 辅助刹车未刹紧	1. 检查电机转向； 2. 调整辅助刹车弹簧； 3. 整理钢丝绳
13	中间槽弧形板磨出凹槽	簸箕口前巷道底板耕得过深	应先填一些矸石，再耕岩石上槽
14	簸箕口提升不灵活	1. 升降装置螺杆积尘旋转困难； 2. 操作升降装置时两边用力不均匀	1. 清理螺杆积尘，重上油； 2. 两边协同操纵
15	固定楔被拉出	1. 固定楔未打紧； 2. 楔子尺寸不合理； 3. 眼过大或未带偏角	1. 重新安装打紧； 2. 更换； 3. 重新打眼

第三节 综合掘进机

一、综合掘进机的维护

实现机器安全作业和良好地备用在于严格遵守维护规程，做好维护工作。为了延长掘进机的使用寿命，在使用过程中要做到勤检查、勤注油、勤检修，发现零部件损坏要及时修理。

综合掘进机日常维护应注意以下方面：

（1）检查液压油箱油面高度，以达到液位计高程 2/3 为宜。

（2）检查装载机构的减速器内润滑油的油位，不足时应添加。

（3）检查截齿是否完整，及时更换损坏或磨损严重的截齿。

（4）检查掘进机上各部件装置的正确性和紧固程度。

（5）检查行走装置连接的紧固情况和其余从动设备的连接情况。

（6）检查各防爆接线盒、螺栓紧固情况，隔爆零件有无裂纹和其他缺陷。

（7）保护整机的清洁，用干布清除油污、灰尘，特别要注意电器设备的干燥和清洁。

（8）消除掘进机漏油、漏水、漏电现象。

（9）对带有油嘴的销轴、油缸部位注入润滑脂，每班按照润滑点图给机器加注相应牌号的润滑油。

（10）消除所有发现的故障和不正常现象。

二、掘进机操作安全

为了保证掘进机的安全运行，应注意做到以下几点：

（1）掘进机司机必须经过安全培训，持证上岗，非司机禁止开动掘进机。

（2）司机不仅要掌握设备的结构、性能特点，熟悉操作方法，而且必须熟悉有关安全规定，严格按操作规程进行操作。

（3）启动前，必须确认掘进机周围及截割臂活动范围内无人后方可开机，在作业期间严禁人员进入设备运转可能危及人身安全的区域。

（4）作业中发生危急情况，必须用紧急停止开关，立即切断电源。

（5）工作面控顶距不得超过作业规程的规定，要支护良好。

（6）在对设备进行检查维修时，或人员站在截割臂上工作时，或司机离开掘进机时，都必须切断电源。

（7）尽量避免截割头带负荷启动，截割中适当掌握截割深度和截割臂摆动速度，以防过负荷。

（8）严格执行设备的检查、维护、检修制度，保证设备性能处于良好状态，运行中发现异常现象，立即停车检查和处理。

三、掘进机在复杂地质条件下的操作方法及注意事项

（1）在掘进过程中，煤层底板突然上升，巷道需起坡时，掘进机截割底板时，应抬

高截割头，使之稍高于装载铲板前沿。当完成一截割循环，机器前进，装载铲板要稍抬起，相应地在变坡点要把掘进机履带适当垫高，避免出现履带跑空打滑。当装载铲板抬到与所掘进巷道的坡度一致时，落下装载铲板，继续正常截割。

（2）在掘进过程中，煤层底板突然下降，巷道需降坡时，开始截割下坡，应注意把装载铲板前面的底板截割深些，浮煤务必出清，装载铲板落到与巷道底板一致时，才可正常作业。当坡度突然加大时，履带后边要垫以木板，使掘进机后部抬高，待装载铲板下的底煤掏净后，即可落下铲板，继续正常作业。

（3）过断层时，应根据预见断层位置及性质，提前一定距离调整坡度，按坡度线上坡或下坡掘进，以便逐步过渡到煤层。

（4）遇有淋水，先把掘进机遮盖好，同时要及时检查电器绝缘情况，保证安全运转。下坡掘进涌水或淋水大时，要勤清铲板两侧的浮煤，机器不平要垫木板。要注意截堵掘进机后的涌水，并安设污水泵及时排水。邻近巷道有大量积水时，要提前泄放积水。

（5）煤层软且倾角较大，掘进断面一帮见底，另一帮不见底时，必须注意掌握好掘进机的平衡。当巷道横向倾角大于50°时，见底的一边可正常截割，不见底的一边履带处要留比底板高0.1 m的底煤，以便垫平履带；如果留底煤掘进机仍下陷倾斜时，可在履带下面垫上木板，使掘进机保持平衡。

第十三章
巷道支护

第一节　锚杆（锚索）网喷支护

一、锚杆支护

（一）锚杆支护机理

锚杆支护是通过围岩内部的杆体，改变围岩本身的力学状态，提高围岩的强度，从而在巷道周围岩体内形成一个完整稳定的承载圈，与围岩共同作用，达到维护巷道的目的。因此，锚杆支护起到了主动加固围岩的作用。如何正确认识锚杆及锚杆系统的作用机理，对于正确地设计和应用锚杆支护，最大限度地发挥锚杆系统的主动支护能力，具有非常重要的意义。

各种锚固支护理论的研究都是以一定的假说为基础的，各自从不同的角度、不同的条件阐述锚杆支护的作用机理，而且力学模型简单，计算方法简明易懂，适用于不同的围岩条件，得到了国内外的认可和应用。近年来，锚杆支护理论研究不断深入，各种新的锚杆支护理论不断提出，并在工程实践中得到完善和发展，极大地推动了锚杆支护技术在巷道支护中的应用。

传统的锚杆支护理论有悬吊理论、组合梁理论、组合拱（压缩拱）理论、松动圈理论，以及关键承载圈和扩容—稳定理论。

1. 悬吊理论

悬吊理论认为：锚杆支护的作用就是将巷道顶板较软弱岩层悬吊在上部稳定岩层上，以增强较软弱岩层的稳定性。

对于回采巷道经常遇到的层状岩体，当巷道开挖后，直接顶因弯曲、变形与基本顶分离，如果锚杆及时将直接顶挤压并悬吊在基本顶上，就能减小和限制直接顶的下沉和离层，以达到支护的目的。如图 13－1 所示。

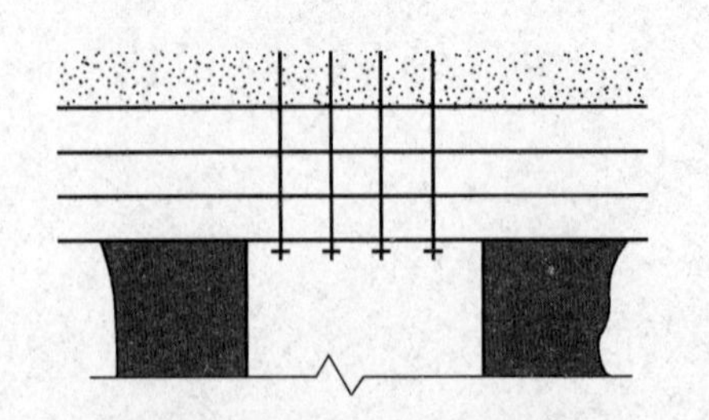

图 13－1　锚杆的悬吊作用

巷道浅部围岩松软破碎，或者开掘巷道后应力重新分布，顶板出现松动破裂区，这时锚杆的悬吊作用就是将这部分易冒落岩体悬吊在深部未松动岩层上。根据悬吊岩层的质量就可以进行锚杆支护设计。

悬吊理论直观地揭示了锚杆的悬吊作用，在分析过程中不考虑围岩的自承能力，而且将被锚固体与原岩体分开，与实际情况有一定差距，计算数据存在误差。

悬吊理论只适用于巷道顶板，不适用于巷道帮、底。如果顶板中没有坚硬岩层，或软弱岩层较厚，围岩破碎区范围较大，无法将锚杆锚固到上面坚硬的岩层上，悬吊理论就不适用。

2. 组合梁理论

组合梁理论认为：在层状岩体中开挖巷道，当顶板在一定范围内不存在坚硬稳定岩层时，锚杆的悬吊作用居次要地位。

如果顶板岩层中存在若干分层，顶板锚杆的作用，一方面，是依靠锚杆的锚固力增加各岩层间的摩擦力，防止岩石沿层面滑动，避免各岩层出现离层现象；另一方面，锚杆杆体可增加岩层间的抗剪刚度，阻止岩层间的水平错动，从而将巷道顶板锚固范围内的几个薄岩层锁紧成一个较厚的岩层（组合梁）。这种组合厚岩层在上覆岩层荷载的作用下，其最大弯曲应变和应力都将大大减小，组合梁的挠度也减少，而且组合梁越厚，梁内的最大应力、应变和梁的挠度也就越小，如图 13－2、图 13－3 所示。

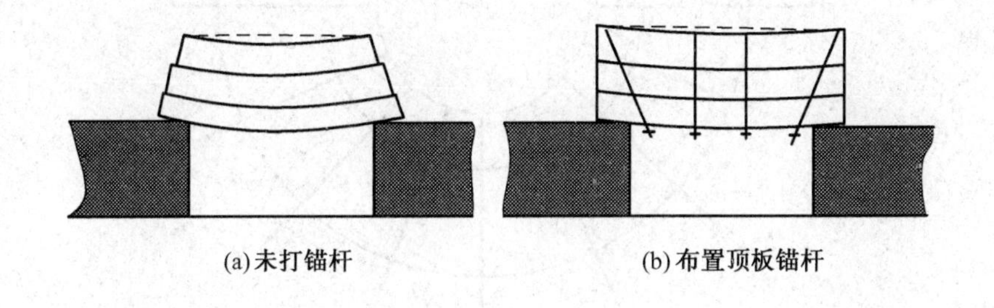

图 13－2　顶板锚杆的组合梁作用

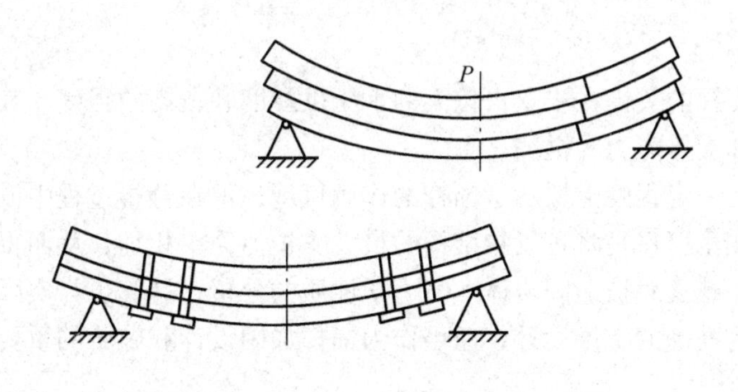

图 13－3　组合梁作用

根据组合梁的强度大小，可以确定锚杆支护参数。

组合梁理论，是对锚杆将顶板岩层锁紧成较厚岩层的解释。在分析中，将锚杆作用与围岩的自稳作用分开，与实际情况有一定差距，并且随着围岩条件的变化，在顶板较破碎、连续性受到破坏时，组合梁也就不存在了。

组合梁理论只适合于层状顶板锚杆支护的设计，对于巷道的帮、底不适用。

3. 组合拱理论

组合拱理论认为：在拱形巷道围岩的破裂区中安装预应力锚杆时，在杆体两端形成圆锥形分布的压应力，如果巷道周边布置锚杆群，只要锚杆间距足够小，各个锚杆形成的压应力圆锥体将相互交错，就能在岩体中形成一个均匀的压缩带，即承压拱（也称组合拱或压缩拱），这个承压拱可以承受其上部破碎岩石施加的径向荷载。在承压拱内的岩石径向及切向均匀受压，处于三向应力状态，其围岩强度提高，支撑能力也相应加大，如图13－4所示。

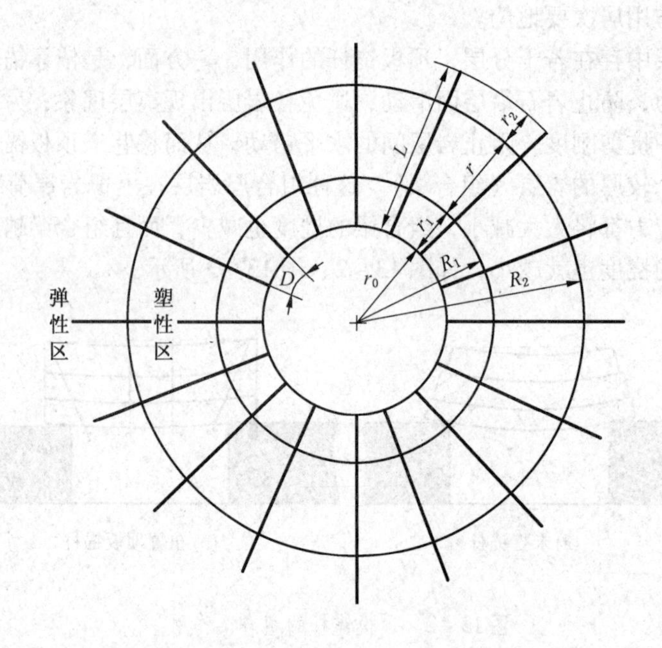

图13－4　锚杆的组合拱理论示意图

因此，锚杆支护的关键在于获得较大的承压拱厚度和较高的强度，其厚度越大，越有利于围岩的稳定和支撑能力的提高。

组合拱理论在一定程度上揭示了锚杆的作用机理，但在分析过程中没有深入考虑围岩—支护体的相互作用，只是将各支护结构的最大支护力简单相加，从而得到复合支护结构总的最大支护力，缺乏对被加固岩体本身力学性质的分析，计算也与实际情况存在一定差距，一般不能作为准确的定量设计，但可作为锚杆加固设计和施工的重要参考。

4. 松动圈理论

围岩松动圈巷道支护理论是在对围岩状态进行深入研究后提出的。研究发现，松动圈的存在是巷道围岩的固有特性，它的范围大小（厚度值）目前可以用声波仪或者多点位移计等手段进行测定。

巷道支护的主要对象是围岩松动圈产生、发展过程中产生的碎胀变形力，锚杆受拉力的来源在于松动圈的发生、发展，并根据围岩松动圈厚度值大小的不同将其分为小、中、大三类，松动圈的类别不同，则锚杆支护机理也就不同。

在现在有支护条件下，试图用支护手段阻止围岩松动破坏是不可能的，其作用只是限制围岩松动圈形成过程中碎胀力所造成的有害变形。即在松动圈发展变形过程中维持破碎岩块相互啮合不垮落，通过提供支护阻力限制破裂缝隙过度扩张，从而减少巷道的收敛变形。

5. 关键承载圈和扩容—稳定理论

该理论由康红普院士提出，认为：巷道围岩的变形和破坏状态在掘进、稳定、回采等不同阶段是不同的，具有显著差别。因此，主张根据围岩的状态特点分别按“关键承载圈理论”和“扩容—稳定理论”分析阐述锚杆支护的作用机理。

1）关键承载圈理论

关键承载圈是指在巷道周围围岩一定深度的范围内，存在一个能承受较大切向力的岩石圈，该岩石圈处于应力平衡状态，具有结构上的稳定性，可以用来悬吊承载圈以内的岩层（即支护对象）。理论分析与工程实践表明，承载圈厚度越大，圈内应力分布越均匀，承载能力越大；在对围岩未采取人工支护等控制措施时，承载圈离巷道周边越近，载荷高度越低，巷道越易维护。当载荷高度不大，锚杆长度能够延伸到关键承载圈中时，可以用“关键承载圈观点”阐述锚杆支护机理，其主要观点是：

（1）关键承载圈以内的岩石重量是支护的对象，载荷高度是关键承载圈以下的不稳定岩层的高度。

（2）锚杆的支护作用主要是将破坏区岩层与关键承载圈相连，阻止破碎岩层垮落；对围岩提供径向、切向约束力，阻止破坏区岩层的扩容、离层、滑动，提高破碎区承载能力，如图 13－5 所示。

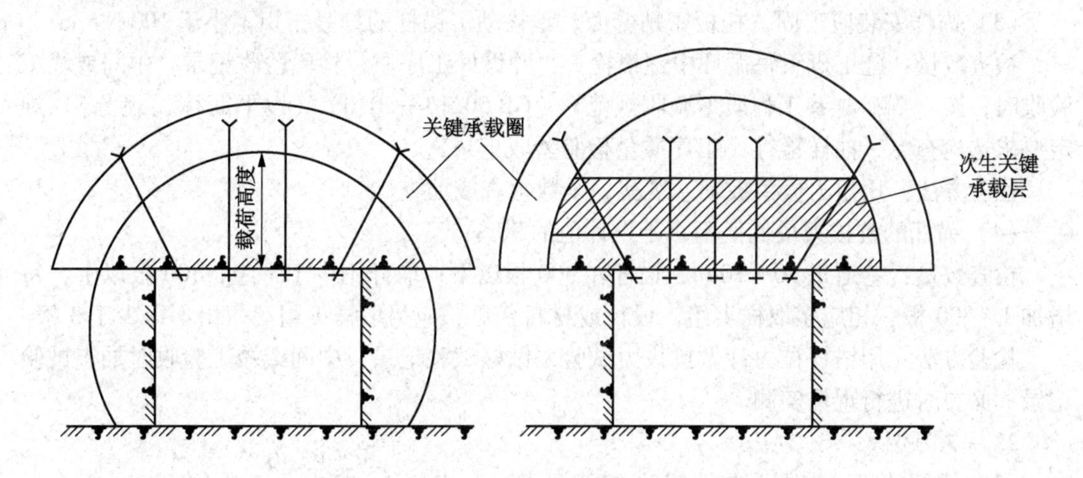

图 13－5 锚杆支护的关键承载圈理论示意图

2）扩容—稳定理论

巷道受采动影响之后，围岩的破坏范围会逐渐扩大，当锚杆长度不能延伸到关键承载圈中时，可依据“扩容—稳定理论”阐述锚杆支护的作用，其主要观点是：

（1）锚杆要控制围岩的扩容变形，阻止深部破碎岩层的进一步扩容相离层。

（2）在破坏区内形成“次生关键承载层”，使围岩深部关键承载圈内的应力分布趋于均匀和内移，提高关键承载圈的承载能力。

（3）锚杆对煤帮的控制效果尤为明显，由于煤层强度较低且受到采动影响程度较为严重，所以回采巷道两帮支护显得尤为重要，安装锚杆后，对煤帮的扩容、松动和挤出均有控制作用，加钢带后效果会更好。

扩容—稳定理论的核心思想就是控制围岩的扩容变形，形成次生关键承载层，提高承载圈的承载能力使围岩趋于稳定。次生关键承载层厚度的影响因素很多，当其厚度较薄且远小于巷道尺寸时，在水平应力的作用下，次生关键层很容易发生“压曲失稳、弯曲失稳”破坏，造成巷道支护失败。因此，合理确定次生关键承载层的厚度至关重要，锚杆的存在，减小了岩层压曲或者弯曲失稳的可能性，锚杆预紧力越大，支护效果越好。

（二）锚杆支护质量验收规范

锚杆支护质量验收内容包括主控项目与一般项目。

1. 主控项目

（1）锚杆的杆体及配件的材质、品种、规格、强度必须符合设计要求。

检查数量：不同规格的锚杆进场后，同一规格的锚杆每1500根或不足1500根的抽样检验应不少于一次。

检验方法：检查产品出厂合格证或出厂试验报告和抽样检验报告，并在施工中实查。

（2）水泥卷、树脂卷和砂浆锚固材料的材质、规格、配比、性能必须符合设计要求。

检查数量：每3000卷或不足3000卷的每种锚固材料进场后抽样检验应不少于一次。

检验方法：检查产品出厂合格证或出厂试验报告和抽样检验报告，并在施工中实查。

（3）锚杆安装应牢固，托板密贴壁面、不松动。锚杆的拧紧扭矩不小于100 N·m。

检查数量：施工班组每循环中逐根检查，并做好工序质量检验验收记录，中间或竣工验收时，按《煤矿井巷工程质量验收规范》（GB 50213—2010）（以下简称《规范》）规定要求选检查点，抽样检查《工序质量检验验收记录》。

检验方法：用扭力扳手扳动、观察，全数检查或抽查。

（4）锚杆的抗拔力最低值不小于设计值的90%。

检查数量：巷道每30~50 m，锚杆在300根以下，取样不少于1组；300根以上，每增加1~300根，相应多取样1组。设计或材料变更，应另取样1组。每组不得少于3根。

检验方法：用锚杆拉力计做抗拔力试验，做好试验记录，中间或竣工验收时抽查试验记录，必要时进行现场实测。

2. 一般项目

（1）锚杆的间、排距误差不超过±100 mm。

（2）锚杆孔的深度应不超过锚杆设计有效长度±50 mm，且不小于锚杆设计有效长度。

（3）锚杆孔的方向与井巷的轮廓线的角度应不小于75°或与层理面、节理面、裂隙面夹角不小于75°。

（4）锚杆支护井巷工程的锚杆外露长度应不大于50 mm；锚喷支护的爆破材料库成巷后，锚杆不得外露。

二、锚索支护

锚索是采用有一定弯曲柔性的钢绞线通过预先钻出的钻孔以一定的方式锚固在围岩深部，外露端由工作锁具通过压紧托盘对围岩进行加固补强的一种手段。作为一种新型可靠有效的加强支护形式，锚索在巷道支护中占有重要地位。其特点是锚固深度大、承载能力高，将下部不稳定岩层锚固在上部稳定的岩层中，可靠性较大；可施加预应力，主动支护围岩，因而可获得比较理想的支护加固效果，其加固范围、支护强度、可靠性是普通锚杆支护所无法比拟的。

（一）支护机理

锚索支护技术主要是将一定长度的低松弛高强度的钢绞线配以专用锚具，用树脂或砂浆进行锚固，通过液压千斤顶在其尾部施加预应力，达到对巷道锚固支护目标的一项技术。

锚索除具有普通锚杆的悬吊作用、组合梁作用、组合拱作用、楔固作用外，与普通锚杆不同的是对顶板进行深部锚固而产生强力悬吊作用，并且沿巷道纵轴形成连续支撑点，以大预紧力减缓顶板变形扩张。

在采掘现场，对于围岩松动圈大，巷道围岩节理发育、顶板破碎及伪顶较厚复杂顶板条件下的巷道支护，通过锚杆对松动圈内的围岩进行组合梁加固和锚索的补强支护，可将其锚固到顶板深部。由于锚索支护对巷道顶板的高预紧力和其自身的高承载能力，使顶板由锚杆支护形成的组合梁得到进一步加强，并将其牢固地悬吊在上部直接顶或老顶内。同时，这种加强锚杆支护所形成的组合梁对上部直接顶或老顶也进行了保护，阻止了其下沉移动和松动扩展。使相邻的锚杆、锚索的作用力相互叠加，组合形成一个新岩梁。这个新的岩梁厚度、刚度、层间抗剪强度成倍增加，使顶板压力通过巷道煤帮向煤体深部转移。改善了巷道受力条件，使顶板得到有效控制，片帮问题也得到了较好地解决。

（二）锚索支护工程质量验收规范

锚索支护质量验收内容包括主控项目与一般项目。

1. 主控项目

（1）锚索的材质、规格、结构、强度必须符合设计要求。

检查数量：不同规格的锚索进场后，同一规格每1500根或不足1500根抽样检验应不少于一次。

检验方法：检查产品出厂合格证、出厂试验报告和抽样检验报告，并在施工中实查。

（2）锚索的锚固材料、锚固方式必须符合设计要求。

检查数量：施工班组每循环中逐孔检查，做好工序质量检验验收记录；中间或竣工验收时，按《规范》要求选检查点。

检验方法：抽查《工序质量检验验收记录》，并现场实查。

（3）锚索钻孔方向的偏斜角应不大于3°。

检查数量：施工班组每循环中逐孔检查，做好工序质量检验验收记录；中间或竣工验收时，按《规范》要求选检查点。

检验方法：插杆挂半圆仪抽查。

（4）锚索安装的有效深度应不小于设计的95%。

检查数量：施工班组每循环中逐孔检查，做好工序质量检验验收记录；中间或竣工验收时，按《规范》要求选检查点。

检验方法：插杆尺量抽查。

（5）锚索锁定后的预应力应不小于设计值的 90%。

检查数量和检验方法：施工班组每循环中逐孔检查，做好工序质量检验验收记录；中间或竣工验收时，按《规范》要求选检查点。

抽查《工序质量检验验收记录》。

2. 一般项目

锚索的间、排距应不大于和不小于设计值 ± 100 mm。

检查数量：施工班组每循环中逐孔检查，做好工序质量检验验收记录；中间或竣工验收时，按《规范》要求选检查点，抽查《工序质量检验验收记录》或实查。

检验方法：尺量抽样检查。

三、喷射混凝土支护

（一）支护机理

1. 加固与防止风化作用

喷射混凝土以较高的速度射入张开的节理裂隙，产生如同石墙灰缝一样的黏结作用，从而提高了岩体的黏结力 c 和内摩擦角 ψ 值，也就是提高了围岩的强度。同时喷射混凝土层封闭了围岩，能够防止因水和风化作用造成的破坏和剥落。

2. 改善围岩应力状态作用

巷道掘进后及时喷射一层具有早期强度的混凝土，一方面将围岩表面的凹凸不平处填平，消除因岩面不平引起的应力集中现象，避免过大的集中应力造成围岩破坏；另一方面，使巷道周边围岩由双向受力状态变成三向受力状态，提高了围岩的强度。

3. 柔性支护结构作用

一方面，由于喷射混凝土的黏结强度大，能和围岩紧密地黏结在一起共同工作，现时喷层较薄，具有一定的柔性，可以和围岩共同产生一定量的径向位移，在围岩中形成一定范围的非弹性变形区，使围岩的自支承能力得以充分发挥，因而喷层本身的受力状态得到改善。另一方面，混凝土喷层在与围岩共同变形中受到压缩，对围岩产生愈来愈大的支护反力，能够抑制围岩产生过大的变形，防止围岩发生松动破碎。

4. 组合拱作用

被节理裂隙切割形成的块状围岩中，岩块间靠相互镶嵌、联锁、咬合作用而保持稳定。若围岩表面的某块危岩、活石发生滑移坠落，则将引起邻近岩块的连锁反应，相继丧失稳定而坠落，从而造成较大范围的冒顶或片帮。开巷后如能及时喷射一层混凝土，使喷层与岩石的黏结力和抗剪强度足以抵抗围岩的局部破坏，防止个别危岩、活石的滑移或坠落，那么岩块间的联锁咬合作用就能得以保持。这样，不仅能够保持围岩自身的稳定，并且与喷层构成共同承载的整体结构——组合拱。

（二）工程质量验收规范

1. 喷射混凝土支护

喷射混凝土工程质量验收内容包括主控项目与一般项目。

1）主控项目

（1）喷射混凝土所用的水泥、水、骨料、外加剂的质量必须符合作业规程的要求。

检查数量：每批水泥、骨料、外加剂进场后抽样检查应不少于一次；对使用水源应做pH值检验。水源发生变化时应重新检验。

检验方法：检查出厂合格证或出厂试验报告和抽样检验报告及水的pH值检验报告。

（2）喷射混凝土的配合比和外加剂掺量必须符合作业规程的要求。

检查数量和检验方法：检查《工序质量检验验收记录》，并现场实查。

（3）喷射混凝土的抗压强度的检验应符合规范要求。

检查数量和检验方法：施工单位按《规范》做试块见证取样，并送检；中间或竣工验收时抽查试块抗压试验报告。

（4）喷射混凝土支护井巷工程净断面规格尺寸允许偏差应符合表13－1的规定。

表13－1　喷射混凝土支护井巷工程净断面规格尺寸允许偏差

<table>
<tr><th>序号</th><th colspan="4">项　目</th><th>允许偏差/mm</th></tr>
<tr><td rowspan="2">1</td><td rowspan="2">立井</td><td colspan="2" rowspan="2">井筒净半径</td><td>有提升</td><td>0～+150</td></tr>
<tr><td>无提升</td><td>－50～+150</td></tr>
<tr><td rowspan="6">2</td><td rowspan="6">斜井平硐巷道</td><td rowspan="3">净宽</td><td rowspan="2">中线至任一帮距离</td><td>主要巷道</td><td>0～+150</td></tr>
<tr><td>一般巷道</td><td>－50～+150</td></tr>
<tr><td>无中线测全宽</td><td>一般巷道</td><td>－50～+200</td></tr>
<tr><td rowspan="3">净高</td><td rowspan="2">腰线至顶、底板距离</td><td>主要巷道</td><td>0～+150</td></tr>
<tr><td>一般巷道</td><td>－50～+150</td></tr>
<tr><td>无腰线测全高</td><td>一般巷道</td><td>－50～+200</td></tr>
<tr><td rowspan="4">3</td><td rowspan="4">硐室</td><td rowspan="2">净宽</td><td rowspan="2">中线至任一帮距离</td><td>机电硐室</td><td>0～+100</td></tr>
<tr><td>非机电硐室</td><td>－20～+150</td></tr>
<tr><td rowspan="2">净高</td><td rowspan="2">腰线至顶、底板距离</td><td>机电硐室</td><td>－30～+100</td></tr>
<tr><td>非机电硐室</td><td>－30～+150</td></tr>
</table>

检查数量：施工班组每循环中逐孔检查，做好工序质量检验验收记录；中间或竣工验收时，按《规范》要求选检查点。

检验方法：挂中、腰线尺量检查。

（5）喷射混凝土厚度应不小于设计值的90%。

检查数量：施工班组每循环中逐孔检查，做好工序质量检验验收记录；中间或竣工验收时，按《规范》要求选检查点。在检查点断面内均匀选3个测点。

检验方法：打眼尺量检查，或抽查《工序质量检验验收记录》。

（6）井下硐室的防水要求应符合规定。

检查数量：全数检查。

检验方法：现场观察。

2）一般项目

喷射混凝土支护表面平整度和基础深度的允许偏差和检验方法应符合表 13－2 的规定。

表 13－2 喷射混凝土支护表面平整度和基础深度的允许偏差和检验方法

项次	项 目	允许偏差	检 验 方 法
1	表面平整度（限值）	≤50 mm	用 1 m 靠尺和塞尺量检查点上 1 m^2 内的最大值
2	基础深度	≤10%	尺量检查点两墙基础深度

检查数量：施工班组每循环中逐孔检查，做好工序质量检验验收记录；中间或竣工验收时，按《规范》要求选检查点。

2. 金属网喷射混凝土支护

金属网喷射混凝土工程质量验收内容包括主控项目与一般项目。

1）主控项目

（1）金属网的材质、规格、品种必须符合设计要求，金属网的网格应焊接、压接或绑扎牢固。

检查数量和检验方法：每批进场的成品金属网和塑料网应检查出厂合格证及出厂检验证明，自行加工金属网应对材质、规格、品种进行检验，并按作业规程的规定进行验收；施工班组应每循环逐个检查验收，验收合格后方可使用，并做好《工序质量检验验收记录》；中间或竣工验收时，按《规范》要求选检查点，抽查《工序质量检验验收记录》。

（2）金属网喷射混凝土所用的水泥、水、骨料、外加剂、配合比、外加剂掺量、抗压强度的质量验收与喷射混凝土相同。

（3）金属网喷射混凝土支护井巷工程净断面规格尺寸允许偏差的质量验收与喷射混凝土相同。

（4）金属网喷射混凝土的厚度质量验收同喷射混凝土相同。

2）一般项目

（1）金属网喷射混凝土表面平整度、基础深度的质量验收同喷射混凝土相同。

（2）金属网外保护层的厚度应不小于 20 mm。

检查数量：按《规范》要求选检查点，并做好《工序质量检验验收记录》。

检查方法：现场实查或抽查《工序质量检验验收记录》。

3. 喷射混凝土强度检测方法

（1）钻取法。用钻取机在已喷好的经 28 天养护的实际结构物上，直接钻取直径 50 mm，长度大于 50 mm 的心样，用切割机加工成两端面平行的圆柱体试块进行试验。

（2）喷大板试验法。

标准试块应按以下方法进行制作：

① 标准试块应采用从现场施工的喷射混凝土板件上切割成要求尺寸的方法制作，模

具尺寸为450 mm×350 mm×120 mm（长×宽×高），其尺寸较小的一边为敞开状。

② 标准试块制作应符合以下步骤：

a. 喷射作业面附近，将模具敞开一侧，以80°（与水平面的夹角）左右置于墙脚。

b. 先在模具外的边墙上喷射，待喷射操作正常后，将喷头移至模具位置，由下而上，逐层向模具内喷满混凝土。

c. 将喷满混凝土的模具移至安全地方，用三角抹刀刮平混凝土表面。

d. 在巷道内潮湿环境中养护1天后脱模。将混凝土大板移至实验室，在标准条件下养护7天，用切割机去掉周边和上表面（底面不可切割）后，加工成边长100 mm的立方体试块。立方体试块的允许偏差，边长为±1 mm；直角≤2°。

③ 加工后的边长为100 mm的立方体试块继续在标准条件下养护28天，进行抗压强度试验。

（3）点荷载或拔出试验法。点荷载试验法是用混凝土钻取机从混凝土喷体中钻取圆柱体心样、用点荷载仪测试其点荷载强度，再根据点荷载强度确定混凝土强度的检测方法。

点荷载试验法检测喷射混凝土强度的操作，应符合下列要求：

① 取样：

a. 取样时机具应放置平稳，避免冲击、震动；

b. 所取心样应完整，心样直径应大于喷射混凝土粗骨料直径的1.5倍，心样长度应不小于其直径的1.1倍。

② 点荷载试验：

a. 加载点应位于心样长度的中间部分，距任一端不得小于心样半径，两加载点的连线应通过断面圆心，即必须作径向加载；

b. 加载点的位置应是心样表面光滑完整处，并避开复喷面、破裂面、气孔；

c. 对心样加压应缓慢均匀，加载速度应小于0.2 MPa/s。

出现下列情况之一者所得出的点荷载试验数据必须舍弃：a. 心样沿复喷面或沿喷层与围岩的交界面破坏；b. 心样破裂面未通过两个加载点，或仅通过一个加载点；c. 心样破裂面与其轴线的夹角小于45°；d. 试验数据与心样外观特征有明显差异。

拔出试验法是指在混凝土喷体中钻孔、切槽并安装扩拔器进行拔出试验，根据极限拔出力确定喷射混凝土的抗压强度。

拔出试验应符合以下规定：a. 钻孔时应使钻头与混凝土表面始终保持垂直，垂直度偏差不应大于3°，钻孔深度不小于40 mm，孔壁要求光滑；b. 若喷射混凝土表面不平整，在钻孔前应将孔位四周约为80 mm范围内的表面处理平整；c. 在钻孔内离孔口25 mm（与孔口相邻的沟槽平面至孔口的距离）处，切出一环形沟槽；d. 拔出加压应缓慢均匀，加载速度应小于0.2 MPa/s；e. 拔出试验应进行到混凝土刚开始破坏，油压表读数不再增加为止。

拔出试验后应检查测点混凝土的破损状况。正常情况下，混凝土破坏面应为基本规则的锥形面。

出现下列情况之一者所得出的试验数据必须舍弃：a. 未出现破损现象；b. 承力环或支承点内混凝土仅有小部分破损；c. 环形沟槽不规则；d. 拔出破坏后，破坏面为很不规则的锥形面；e. 表头读数明显反常。

四、锚网喷联合支护

上述的锚杆支护和喷射混凝土支护都作为单一的支护形式来应用，然而在很多情况下，采用锚杆与喷射混凝土联合支护（简称锚喷支护）。即在比较稳定的岩层中打入锚杆后，再在巷道的岩面上喷一层水泥砂浆，封闭围岩，防止风化，并增加围岩强度。在松软不稳定的岩层中，打入锚杆后，再喷一层混凝土，或者在喷射混凝土中再加一层金属网，即所谓锚网喷支护。

五、锚网喷支护的选用

为了正确地选择各类锚喷支护，首先应了解围岩的性质，如岩体结构、强度，特别是岩层的裂隙及其在空间的分布关系，以判断围岩的稳定性、然后根据围岩的稳定性、巷道跨度及其服务年限来选择支护类型。

(1) 对节理裂隙中等发育、中等稳定或稳定性较好的岩层，巷道跨度在 5 m 以内，一般宜采用单一喷射混凝土支护；若巷道围岩稳定，也可采用单喷浆支护，以防风化。

(2) 对比较破碎、节理发育比较明显、稳定性较差、容易产生局部或大面积冒顶岩层和在马头门、交岔点、硐室等地压较大的地段，一般宜采用锚杆、金属网与喷射混凝土联合支护。

(3) 对采区巷道，因其断面小、服务年限短，一般宜采用锚杆支护，必要时也可采用锚杆喷浆支护。

(4) 对于特别松软破碎和断裂岩层，或围岩稳定性较差、跨度为 5 ~ 10 m 巷道硐室，一般宜采用喷射混凝土加金属网或喷射混凝土加锚杆和金属网联合支护。

第二节 砌 碹 支 护

料石支护材料有料石、荒料石和毛石；混凝土支护材料有混凝土块、素混凝土和钢筋混凝土；有些地区还采用大于 MU15 的砖支护。以上这些支护统称为砌碹支护（石材支护）。它们都属于刚性支护，在压应力下使用。

一、支护机理和适用条件

1. 支护机理

主要机理是利用拱承受顶压的作用力，并将它传给侧墙和两帮。拱的各截面产生的内力主要是压应力及部分弯曲应力（在顶压不均匀和不对称时，截面内也会出现剪应力）。其之所以做成拱形，是为了充分发挥料石、混凝土抗压强度高而抗拉强度低的特性。

2. 适用条件

常作为岩巷施工中临时应变措施或在井筒和承受高应力的硐室中使用，主要应用在有化学腐蚀性的含水围岩段；大面积淋水或局部涌水处理无效的地段；跨度较大、高应力的大型硐室；立井井筒；作为软岩支护的一部分；过含水断层破碎带不宜采用锚网喷支护处理时；处理冒顶时。

砌碹支护本身是连续体，对围岩能起到封闭、防风化的作用，这种支护形式坚固耐用，防火、防水、风阻小，主要用于抵抗压应力。但这种支护工序复杂，劳动强度大，施工速度慢，效率低，巷道一旦破坏，维修非常困难，一般在岩巷施工时很少采用。

二、砌碹支护的工程质量检验标准

用结构力学分析，除钢筋混凝土支护外，对于刚性支护，在各个截面上不应有拉应力产生，其他应力也不超过材料的强度。因此其断面设计为拱形，其砌体强度要求严格。国家对支护的质量提出了一系列规定，在施工管理上严格执行。通常的砌碹质量管理工作还应包括以下几个方面。

（1）巷道的断面及坡度和方位。应符合有关规定。

（2）砌块、混凝土及砂浆强度，要求达到设计规定。同标号、同配合比的混凝土试块，平均强度不得低于设计，任何一组的强度不得低于设计值的85%。

（3）混凝土的砌体厚度，局部不得小于设计值30 mm。砖石砌体的厚度，局部不得小于设计值50 mm。

（4）壁后充填要求充实填满，充填材质符合要求。

（5）基础深度要求符合设计要求，并做到实底。在坚硬岩石上的基础深度局部不小于设计值50 mm。

（6）压茬不小于砌块宽度的1/4，必须严密接茬。

（7）要求砌体灰缝饱满，没有瞎缝与干缝。

（8）混凝土的表面要求无裂缝、露筋、蜂窝、麻面等现象。

（9）水沟必须保证水流畅通，一般砌筑水沟的深、宽不得超过设计值±30 mm，坡度不得超过设计值的±1‰，盖板达到设计数量，放置稳固。

石材支护的稳定条件，一般由合理的巷道形状和均匀的围岩抗力所决定。前者是设计问题，施工前必须根据地压显现特征予以适应。为保证砌体受压后保持断面形状和面积，必须加强壁后充填，以避免应力集中，引起破坏。

1. 模板工程

1）主控项目

（1）模板及其支架应根据工程结构形式、工程类型、荷载大小、岩土类别、施工设备和材料供应、允许误差等条件进行设计。模板及其支架应具有足够的强度、刚度和稳定性。

（2）在浇筑混凝土之前，应对模板工程进行验收。

模板安装后和浇筑混凝土过程中，应对模板及其支架进行观察和维护。发生异常情况时，应按施工技术方案及时进行处理。

（3）模板（含碹胎）的材质、结构、强度、规格、刚度必须符合设计、作业规程及有关规范的规定。

检查数量：逐循环实查，做好《工序质量检验验收记录》。

检验方法：对照设计、规程、规范的规定进行检查。由正规厂生产的定型模板，检查出厂合格证和说明书，并在使用前组装校验；由施工单位自行设计、加工的非定型模板，应在出厂前进行整体组装、调试、检测，由监理、建设、施工、加工等单位组织检查验收。对于重复使用的模板经检修和整形后，按上述检验方法进行检查。

（4）冻结法施工的立井内层井壁采用整体滑升钢模板时，井下首次组装的允许偏差应符合表 13－3 的规定，并应在浇筑混凝土前由监理、建设、施工等单位组织检查验收。

检验方法：对照设计，井下施工现场实测检查。

表 13－3　立井整体滑升模板井下组装规格允许偏差

内　　容	允许偏差/mm
模板半径	0～10
提升架在两个方向的垂直度	≤5
安装千斤顶辐射梁的水平度（全长）	≤5
模板上口半径	±5
模板下口半径	±5
提升架前后位置	±5
提升架左右位置	≤10
千斤顶中心垂直线	≤5
相邻模板的表面平整度	≤5
安装千斤顶横梁高差	±10
操作盘的平整度	±20
井筒中心线	±5

（5）立井普通法凿井单层混凝土井壁和冻结法凿井外层钢筋混凝土井壁采用整体下移式活动钢模板在井下首次组装的允许偏差应符合表 13－4 规定，并应在浇筑混凝土前由监理、建设、施工等单位共同检查验收。

检验方法：对照设计，在井下施工现场实测检查。

表 13－4　立井 MJY 型整体移动金属模板井下组装规格允许误差

内　　容	允许误差/mm
半径	10～40
上下口垂直度	≤10
接缝宽度	≤3
相邻两模板间高低差	≤5
接茬平整度	≤5
井筒中心线	±5

（6）对于立井钻井法凿井预制混凝土井壁（含井壁底）的内、外组合钢模板地面组装规格偏差应符合表 13－5 规定。

检查数量：按《规范》要求选检查点，做好《工序质量检验验收记录》。

检查方法：对照设计，预制现场实测检查。

表 13－5 钻井预制井壁筒内、外组合钢模板组装规格允许偏差

项　　目		合格标准/mm
模板半径	有提升	10～40
	无提升	0～50
表面平整度		±3
相邻模板表面高差		≤3
底板表面平整度		±5
顶板表面平整度		±5

（7）立井采用组合钢模板，在井下组装规格允许偏差和检验方法符合表 13－6 规定。

检查数量：按《规范》要求选检查点，做好《工序质量检验验收记录》。

检查方法：对照设计，井下施工现场实测检查。

表 13－6 立井组合钢模板组装规格允许偏差

项　　目		合格标准/mm
模板半径	有提升	10～40
	无提升	－30～＋50
垂直度		≤10
接缝宽度		≤3
相邻两模板间高低差		≤10
接茬平整度		≤5

（8）模板到岩面的距离应符合以下规定：立井、斜井、斜巷、平巷、平硐、硐室不小于设计 30 mm。

检查数量：按《规范》要求选检查点，做好《工序质量检验验收记录》。

检验方法：尺量最小值，或抽查《工序质量检验验收记录》。

2）一般项目

（1）对于斜井、巷道、平硐、硐室用的组合钢模板，在井下组装规格允许偏差和检验方法应符合表 13－7 规定。

检查数量：按《规范》要求选检查点，做好《工序质量检验验收记录》。

检验方法：对照设计，井下施工现场实测检查。

表13－7　斜井、巷道、平硐、硐室组合钢模板组装规格允许偏差和检验方法

项　目		允许偏差/mm	检　验　方　法
基础深度		－30～100	腰线下尺量检查点两墙模板基础深度
轴线位移		≤5	钢尺量检查点井巷中心线至模板碹胎中心线的距离，每模两端各设一个测点
底模上表面标高		±10	拉线、钢尺检查
截面内部尺寸	基础	±10	钢尺检查
	墙	±10	钢尺检查
墙高垂直度（不大于5 m）		±10	拉线、钢尺检查
相邻模板表面高差		≤5	钢尺检查
表面平整度		5	2 m靠尺和塞尺检查

（2）水沟、沟槽、台阶的模板组装允许偏差和检验方法应符合表13－8规定。

检查数量：按《规范》要求选检查点，抽查《工序质量检验验收记录》。

表13－8　水沟、沟槽、台阶模板组装的允许偏差和检验方法

项次	项　目	允许偏差/mm		检　验　方　法
		水沟、沟槽	台阶	
1	中心位移	±30	±30	挂中线，尺量中线至外沿距离
2	上平面标高	±20	±30	挂腰线，尺量腰线至上沿距离
3	截面尺寸（长、宽）	±30	±20	尺量最大值、最小值
4	深度	±30	—	尺量深度最大值、最小值

（3）设备基础、预留地脚螺栓孔模板组装的允许偏差和检验方法应符合表13－9规定。

表13－9　设备基础、预留地脚螺栓孔模板组装的允许偏差和检验方法

项次	项目	允许偏差/mm		检　验　方　法
1	基础	中心位移	±30	挂中线，尺量中线至外沿距离
2		上平面标高	0～20	挂腰线，尺量腰线至上沿距离
3		截面尺寸（长、宽）	±20	尺量最大值、最小值
4		深度	+50	尺量深度最大值、最小值
5	螺栓孔	中心位移	±15	中心线至孔中心距离
6		模板长度	0～+20	尺量检查
7		垂直度	≤5	插杆吊线尺量检查

检查数量：按《规范》要求选检查点，做好《工序质量检验验收记录》。竣工验收时，抽查《工序质量检验验收记录》。

2. 钢筋工程

1）主控项目

（1）钢筋和钢筋加工件的品种、规格、质量、性能必须符合设计要求和规范的有关规定，当钢筋的品种、级别或规格需作变更时，应办理设计变更手续。

（2）立模前，应进行钢筋隐蔽工程验收，其内容包括：

① 纵向、横向钢筋的品种、规格、数量、位置等。

② 钢筋的连接方式、接头位置、接头数量、接头面积百分率等。

③ 箍筋的品种、规格、数量、间距等。

④ 预埋件的规格、数量、位置等。

（3）钢筋和钢筋加工件进场时应对品种、规格、出厂日期等进行检查，并应对强度及其他必要的性能指标进行复检，其质量应符合现行国家标准的相关规定。

检验数量：按同一生产厂家、同一等级、同一品种、同一批号且连续进场的钢筋和钢筋加工件按规定 60 t 为一批（不足 60 t 按一批计），每批抽检一次。其中冷拉钢筋每批数量不大于 20 t，冷拔低碳钢丝每批数量不大于 5 t，冷轧扭钢筋每批数量不大于 10 t。

检验方法：检查产品合格证、出厂检验报告和进场复检报告。

（4）钢筋表面必须清洁，严禁使用有裂缝、断伤的钢筋。

检验方法：观察检查。

（5）焊条、焊剂的牌号和性能应符合设计要求和规范的有关规定。

检验方法：检查出厂合格证。

（6）钢筋加工的规格质量必须符合设计要求。

检验方法：钢筋下井前尺量检查。

（7）钢筋搭接长度 90% 及以上应符合设计要求，搭接接头应错开。分段施工的井筒井壁或巷道钢筋搭接接头错开难以做到时，全截面内的钢筋应保证搭接长度符合相关规定。螺纹连接宜选用直螺纹接头，但应满足等强要求。

检查数量：施工班组全数检查，按规范做好《工序质量检验验收记录》。

检验方法：尺量检查，或抽查《工序质量检验验收记录》。

（8）钢筋和钢筋网片的绑扎质量应符合以下规定：缺扣、松扣的数量不超过应绑扎量的 20%，且不连续。

检查数量：施工班组全数检查，做好《工序质量检验验收记录》。

检验方法：现场观察，或抽查《工序质量检验验收记录》。

（9）钢筋和钢筋网片的焊接质量应符合以下规定：骨架不漏焊、开焊，网片的漏焊、开焊点不超过应焊点数的 4%，且不连续。

检查数量：施工全数检查，做好《工序质量检验验收记录》。

检验方法：现场观察，或抽查《工序质量检验验收记录》。

2）一般项目

钢筋安设位置的允许偏差应符合表 13 – 10 规定。

表 13－10　钢筋安设位置的允许偏差

项次	项　目		允许偏差/mm
1	受力钢筋	间距	±20
		排距	±10
2	箍筋、构造筋间距		±30
3	受力钢筋保护层		±10

检查数量：施工班组逐循环尺量间距最大、最小值，做好《工序质量检验验收记录》。

检验方法：模板安装前用钢尺实量或抽查《工序质量检验验收记录》。

3. 混凝土支护工程

1）主控项目

（1）结构构件的混凝土强度应按《混凝土强度检验评定标准》（GB/T 50107—2010）的规定分批检验验收，并符合规定。

（2）当混凝土试件强度评定不合格时，可采用非破损或局部破损的检测方法，按国家现行有关标准的规定对结构构件中的混凝土强度进行推断，并作为处理的依据。

（3）在地面配制混凝土时，应符合设计要求和规程、规范以及下列有关规定：

① 雨季施工必须有防雨措施。

② 寒冷季节施工，冻结段混凝土入模温度应不低于 10 ℃（内层井壁）和 15 ℃（外层井壁）；预制钻井井壁应有防寒防冻措施。

③ 炎热季节施工应采取防暴晒措施；防止混凝土入模温度超过 30 ℃造成预制钻井井壁开裂。

（4）井巷混凝土、钢筋混凝土支护工程的规格偏差应符合表 13－11 规定。

检查数量按《规范》要求选检查点，做好《工序质量检验验收记录》。

检验方法：挂线尺量实查。

表 13－11　井巷混凝土、钢筋混凝土支护工程的规格偏差

项次	项　目				合格/mm
1	立井	井筒净半径		有提升	0～+50
				无提升	±50
2	斜井 平硐 巷道	净宽	中线至任一帮距离	主要巷道	0～+50
				一般巷道	－30～+50
			无中线测全宽	一般巷道	－30～+80
		净高	腰线至顶、底板距离	主要巷道	0～+50
				一般巷道	－30～+50
			无腰线测全高	一般巷道	－30～+80
3	硐室	净宽	中线至任一帮距离	机电硐室	0～+50
				非机电硐室	－30～+50
		净高	腰线至顶、底板距离	机电硐室	0～+50
				非机电硐室	－30～+50

(5) 井巷（含壁座）混凝土支护壁厚的合格标准应符合以下规定：

立井局部（长不大于井筒周长1/10，高不大于1.5 m）不小于设计50 mm；斜井、平硐、硐室、巷道局部（连续高、宽长度均不大于1 m）不小于设计30 mm。

检查数量：班组逐模检查，做好《工序质量检验验收记录》，抽查时按《规范》要求选检查点。

检验方法：抽查《工序质量检验验收记录》。

(6) 混凝土支护的表面质量应符合以下规定：无明显裂缝，1 m^2 范围内蜂窝、孔洞等不超过2处。

检查数量：按《规范》要求选检查点（立井抽查2个对称测点，巷道抽查两帮对称位置各1个测点，以测点为中心1 m^2 范围)。

检查方法：现场实查。

(7) 壁后充填材料符合设计要求，充填应符合以下规定：

立井壁后充填饱满密实，无空帮现象；

斜井、平巷、平硐、硐室的壁后充填基本饱满密实，无明显空帮、空顶现象。

检查数量：班组逐模检查，做好《工序质量检验验收记录》；抽查时按《规范》要求选检查点。

检验方法：现场实查，或抽查《工序质量检验验收记录》。

(8) 防水、防渗混凝土必须符合设计和有关规范的规定。

检查数量和检验方法：施工班组逐循环实查，并按规范做好《工序质量检验验收记录》；中间或竣工验收时，按《规范》要求选检查点，抽查《工序质量检验验收记录》，并现场实查。

(9) 井下硐室建成后的漏水量及防水标准应符合表13－12规定。

表13－12 井下硐室建成后的漏水量及防水标准

项次	等级	硐室名称	硐室防水质量标准	检验方法
1	一级	计算机房、有集中控制和有电视的调度室、爆炸材料库、主变电所	不允许渗水、支护结构表面无湿渍	观察检查
2	二级	主排水泵房、绞车房、运输机机头硐室、采区变电所、消防器材硐室	不允许滴水，支护结构表面有少量偶见湿渍或小水珠	观察检查
3	三级	破碎机硐室、机车修理硐室、装载硐室、井底煤仓	有少量漏水点，但不得有线流，每昼夜总漏水量小于0.1 m^3	观察检查
4	四级	其他硐室	有漏水点，但不得有线流，每昼夜总漏水量小于0.2 m^3	观察检查，实测3次，漏水量取平均值

检查数量：全数检查。

检验方法：现场观察。

2）一般项目

(1) 井巷混凝土支护工程的允许偏差和检验方法应符合表13－13规定。

表13－13　井巷混凝土支护工程的允许偏差和检验方法

<table>
<tr><th rowspan="2">项次</th><th rowspan="2" colspan="2">项　目</th><th colspan="2">允许偏差/mm</th><th rowspan="2">检 验 方 法</th></tr>
<tr><th>立井</th><th>斜井、平硐、硐室、巷道</th></tr>
<tr><td>1</td><td colspan="2">基础深度</td><td colspan="2">≥0</td><td>检查点两墙腰线下尺量检查</td></tr>
<tr><td>2</td><td colspan="2">接茬（限值）</td><td>≤30</td><td>≤15</td><td>尺量检查点一模两端接茬最大值</td></tr>
<tr><td>3</td><td colspan="2">表面平整度（限值）</td><td>≤10</td><td>≤10</td><td>用2 m直尺量检查点上最大值</td></tr>
<tr><td>4</td><td colspan="2">预埋件（或孔）中心线偏移（限值）</td><td>≤20</td><td>≤20</td><td>挂中心线尺量</td></tr>
<tr><td>5</td><td colspan="2">预留巷道底板标高</td><td>±50</td><td>±20</td><td>挂线尺量</td></tr>
<tr><td rowspan="2">6</td><td rowspan="2">预留梁窝位置</td><td>上下层间距</td><td>±25</td><td>—</td><td rowspan="2">挂线尺量</td></tr>
<tr><td>垂直中心线左右</td><td>±20</td><td>—</td></tr>
</table>

检查数量：表13－13中，前3项按《规范》要求选检查点；后3项全数检查。

（2）施工缝的位置应在混凝土浇筑前按设计要求和施工技术方案确定。施工缝的处理应按施工技术方案执行。

检查数量：全数检查。

检验方法：观察，检查施工记录。

4. 砌块支护工程

1）主控项目

（1）预制混凝土块、料石的材质、强度、规格必须符合设计要求和有关规范的规定。

检验方法：检查出厂合格证或试验报告，并现场实查。

（2）砂浆的品种必须符合设计要求，砂浆的强度必须符合以下规定：

① 同强度等级、同配比的砂浆各组试块平均强度均应达到设计要求。

② 每一组中任一试块的强度不得低于设计强度的85%。

检查数量：立井每20～30 m，巷道每30～50 m，硐室每100 m^3 取试块不少于1组，1组为3块。

检验方法：检查试块强度试验报告。

（3）预制混凝土块、料石支护的井巷工程规格偏差应符合表13－14规定。

表13－14　砌块支护规格偏差

<table>
<tr><th>项次</th><th colspan="4">项　目</th><th>合格偏差/mm</th></tr>
<tr><td rowspan="2">1</td><td rowspan="2">立井</td><td rowspan="2" colspan="2">井筒净半径</td><td>有提升</td><td>0～+50</td></tr>
<tr><td>无提升</td><td>±50</td></tr>
<tr><td rowspan="3">2</td><td rowspan="3">斜井
平硐
巷道</td><td rowspan="3">净宽</td><td rowspan="2">中线至任一帮距离</td><td>主要巷道</td><td>0～+50</td></tr>
<tr><td>一般巷道</td><td>－30～+50</td></tr>
<tr><td>无中线测全宽</td><td>一般巷道</td><td>－30～+50</td></tr>
</table>

表 13-14（续）

项次	项目				合格偏差/mm
2	斜井 平硐 巷道	净高	腰线至顶、底板距离	主要巷道	-30 ~ +50
				一般巷道	-30 ~ +50
			无腰线测全高	一般巷道	-30 ~ +50
3	硐室	净宽	中线至任一帮距离	机电硐室	0 ~ +50
				非机电硐室	-20 ~ +50
		净高	腰线至顶、底板距离	机电硐室	-30 ~ +50
				非机电硐室	-30 ~ +50

检查数量：按《规范》要求选检查点，并做好《工序质量检验验收记录》。

检验方法：挂线尺量检查。

(4) 砌体厚度应符合以下规定：

立井局部（长不超过井筒周长 1/10，高不大于 1.5 m）不小于设计 50 mm；斜井、硐室、巷道局部（连续高、宽长度均不大于 1 m）不小于设计 30 mm。

检查数量：班组逐段检查，并做好《工序质量检验验收记录》，抽查时按《规范》要求选检查点。

检验方法：实测每段最小值，或抽查。

(5) 砌体壁后充填应饱满密实，无空顶、空帮现象。

检查数量：班组逐段检查，并做好《工序质量检验验收记录》，抽查时按《规范》要求选检查点。

检验方法：现场观察。

(6) 砌体灰缝质量在砌体表面 1 m^2 范围内，重缝、瞎缝、干缝的总数不超过 2 处。

检查数量：班组逐段检查，并做好《工序质量检验验收记录》，抽查时按《规范》要求选检查点。

检验方法：在检查点上的砌体表面选 1 m^2，观察检查。

(7) 砌体墙基础应做到实底，其深度（连续长度 1 m 内）不小于设计 50 mm。

检查数量：班组逐段检查，并做好《工序质量检验验收记录》，抽查时按《规范》选检查点。

检验方法：在检查点的两帮从腰线量至基础底面的距离。

2) 一般项目

砌体表面质量和水沟规格允许偏差及检验方法应符合表 13-15 的规定。

表 13-15 砌体表面质量和水沟规格允许偏差及检验方法

项次	项目	允许偏差/mm				检 验 方 法
		毛料石	粗料石	细料石	混凝土块	
1	表面平整度（限值）	≤40	≤40	≤20	≤15	在检查点上任选 1 m^2，用 1 m 靠尺量

表 13－15（续）

项次	项目	允许偏差/mm				检　验　方　法
		毛料石	粗料石	细料石	混凝土块	
2	砌层水平度	≤50	≤50	≤20	≤20	在检查点上拉 2 m 长平线，尺量最大处，每点测三层
3	灰缝宽度（限值）	≤25	≤20	≤15	≤15	在检查点上任选 1 m^2，不合格不超过 1 处
4	接茬（限值）	≤30	≤10	≤10	≤10	在检查点上尺量两模间接茬最大值
5	水沟位置		±50	±50	±50	在检查点上，尺量由中线至水沟内沿距离
6	水沟标高		±20	±20	±20	在检查点上，尺量由腰线至水沟上沿距离
7	水沟宽度		±30	±30	±30	在检查点上尺量检查
8	水沟深度		±30	±30	±30	在检查点上尺量检查
9	水沟砌体厚度		不小于设计 30	不小于设计 10	不小于设计 10	在检查点上尺量检查

检查数量：班组逐段检查，并按规范做好《工序质量检验验收记录》，抽查时按《规范》选检查点。

第三节　支　架　支　护

支架支护是煤矿井下常用的支护形式。用于巷道围岩十分破碎不稳定，不适宜采用锚喷支护，而且巷道服务年限不长的情况下。按支架的材料构成，可分为木支架、金属支架和装配式钢筋混凝土支架 3 种；按巷道断面形状可分为梯形支架和拱形支架等；按支架结构可分为刚性支架和可缩性支架。

一、刚性支架

1. 主控项目

（1）各种支架及其构件、配件的材质、规格质量必须符合设计要求和有关标准规定。

检查数量：班组逐架检查，做好《工序质量检验验收记录》，抽查时按《规范》选检查点。

检验方法：检查出厂合格证或检验报告（不含木支架），并现场实查。

（2）背板和充填材料的材质规格必须符合设计要求和有关规定。

检查数量：班组逐架检查，做好《工序质量检验验收记录》，抽查时按《规范》选检查点。

检验方法：现场实查。

（3）支架支护巷道规格偏差应符合表 13－16 的规定。

检查数量：班组逐架检查，做好《工序质量检验验收记录》，抽查时按《规范》选检查点。

检验方法：挂线尺量检查。

表 13-16　支架支护巷道规格偏差

<table>
<tr><th>项次</th><th colspan="3">项　目</th><th>合格偏差/mm</th></tr>
<tr><td rowspan="3">1</td><td rowspan="3">净宽</td><td rowspan="2">中线至任一帮距离</td><td>主要巷道</td><td>0 ~ +50</td></tr>
<tr><td>一般巷道</td><td>-30 ~ +50</td></tr>
<tr><td>无中线测全宽</td><td>一般巷道</td><td>-30 ~ +50</td></tr>
<tr><td rowspan="3">2</td><td rowspan="3">净高</td><td rowspan="2">腰线至顶梁底面、底板距离</td><td>主要巷道</td><td>-30 ~ +50</td></tr>
<tr><td>一般巷道</td><td>-30 ~ +50</td></tr>
<tr><td>无腰线测全高</td><td>一般巷道</td><td>-30 ~ +50</td></tr>
</table>

（4）水平巷道支架的前倾、后仰允许偏差 ±1°（1 m 垂线位置水平偏差不大于 17 mm）。

检查数量：班组逐架检查，做好《工序质量检验验收记录》，抽查时按《规范》选检查点。

检验方法：在立柱前侧面或后侧面挂 1 m 垂线，在底板水平上量测垂点与立柱前侧面或后侧面间的距离。

（5）倾斜巷道支架的迎山角允许偏差应符合表 13-17 的规定。

表 13-17　倾斜巷道支架迎山角

巷道倾角	5° ~10°	10° ~15°	15° ~20°	20° ~25°
支架迎山角	1° ~2°	2° ~3°	3° ~4°	4° ~5°

检查数量：班组逐架检查，做好《工序质量检验验收记录》，抽查时按《规范》选检查点。

检验方法：用半圆仪的弦长部分紧靠立柱的前侧面或后侧面量测。

（6）撑（拉）杆和垫板的位置、数量，在一个检查点中不符合设计要求的不应超过 2 处。

检查数量：班组逐架实查，做好《工序质量检验验收记录》，抽查时按《规范》选检查点。

检验方法：实查检查点上两架支架间的全部撑（拉）杆和垫板的位置及数量。

（7）背板排列位置和数量基本符合设计要求，80% 以上的背板背紧背牢。

检查数量：班组逐架实查，做好《工序质量检验验收记录》，抽查时按《规范》选检查点。

检验方法：抽查检查点上两架支架间的全部背板。

（8）柱窝深度或底梁铺设质量：支架柱窝挖到实底，底梁铺设在实底上，其深度不小于设计 30 mm。

检查数量：班组逐架实查，做好《工序质量检验验收记录》，抽查时按《规范》选检查点。

检验方法：挖出柱窝或底梁，挂腰线尺量检查。

2. 一般项目

支架架设的允许偏差和检验方法应符合表 13－18 的规定。

检查数量：班组逐架实查，做好《工序质量检验验收记录》，抽查时按《规范》选检查点。

表 13－18 支架架设的允许偏差和检验方法

项次	项目	允许偏差/mm		检验方法
		主要巷道	一般巷道	
1	支架梁水平度（限值）	≤40	≤50	尺量检查点前一架支架腰线上至支架梁两端下内口的距离，求其差值
2	支架梁扭矩（限值）	≤50	≤80	在检查点前 2 架支架梁水平面上，尺量后一架支架梁的中线点至前一架支架梁两端的距离，求其差值
3	支架间距	±50	±50	尺量检查点前两架支架间立柱中至中的距离
4	立柱斜度	±1°	±1°	用半圆仪测量检查点前一架支架两侧立柱内侧角度
5	棚梁接口离合错位（限值）	0	<5	查检查点前 2 架支架，尺量棚梁接口处的上下离合和前后错位置

二、可缩性支架支护工程

1. 主控项目

（1）可缩性支架及其附件的材质和加工必须符合设计和有关标准规定。

检查数量：班组逐架实查，并做好《工序质量检验验收记录》，抽查时按《规范》选检查点。

检查方法：检查出厂合格证或检验报告，并现场实查。

（2）可缩性支架的装配附件齐全，无锈蚀现象，螺纹部分有防锈油脂。

检查数量：班组逐架实查，做好《工序质量检验验收记录》，抽查时按《规范》选检查点。

检验方法：现场观察检查。

（3）背板和充填材料的材质、规格必须符合设计要求和有关规定。

检查数量：班组逐架实查，做好《工序质量检验验收记录》，抽查时按《规范》选检查点。

检验方法：检查出厂合格证或检验报告，并现场实查。

（4）可缩性支架支护巷道的净宽、净高规格偏差应符合表 13－19 的规定。

检查数量：班组逐架实查，做好《工序质量检验验收记录》，抽查时按《规范》选检查点。

检验方法：挂线尺量检查。初期架设时，以设计放大断面净宽、净高值验收；稳定后以设计有效断面净宽、净高值验收。

表 13－19　可缩性支架支护巷道的净宽、净高规格偏差

项次	项　目			合格偏差/mm
1	净宽	中线至任一帮距离	主要巷道	0～＋100
			一般巷道	－30～＋100
		无中线测全宽	一般巷道	－50～＋100
2	净高	腰线至顶梁底面、底板距离	主要巷道	－30～＋100
			一般巷道	－30～＋100
		无腰线测全高	一般巷道	－30～＋100

（5）水平巷道支架的前倾、后仰偏差为±1°（1 m 垂线位置的水平偏差不大于 17 mm）。

检查数量和检验方法：同刚性支架。

（6）倾斜巷道支架的迎山角允许偏差同刚性支架。

（7）撑（拉）杆和垫板安设的位置、数量，在一个检查点中不符合设计要求的不应超过 2 处。

检查数量和检验方法：同刚性支架。

（8）背板排列位置和数量基本符合设计要求，80% 以上的背板背紧背牢。

检查数量和检验方法：同刚性支架。

（9）支架柱窝深度或底梁铺设质量同刚性支架。

2. 一般项目

可缩性 U 型钢支架架设的允许偏差和检验方法应符合表 13－20 的规定。

表 13－20　可缩性 U 型钢支架架设的允许偏差和检验方法

项次	项目	允许偏差/mm		检　验　方　法
		主要巷道	一般巷道	
1	搭接长度	±30	±40	尺量检查点前一架支架搭接长度
2	卡缆螺栓扭矩	≤5%	≤10%	用扭矩扳手量测检查点前一架支架螺栓扭矩
3	支架间距	±50	±100	尺量检查点前两架支架间立柱中至中的距离
4	支架梁扭距（限值）	≤80	≤100	在检查点前两架支架拱基线水平面上，尺量最后一架支架的中线点至前一架支架梁两端与立柱的交点的距离，求其差值
5	卡缆间距	±20	±30	尺量检查点前一架支架的卡缆间距
6	底梁深度	±20	±30	尺量检查

检查数量：班组逐架实查，做好《工序质量检验验收记录》，抽查时按《规范》选检查点。

第十四章

岩巷掘进事故分析处理

第一节　事故的分析

一、安全评价

安全评价是指对所分析对象的安全程度（危险程度）做出评价，通过安全评价，使人们能够深入识别系统工程中各种危险的程度，分析究竟会产生什么样的后果，是否需要改变设计、原材料使用或采用什么安全设备，以便采取有效措施，将危险性降低到允许的范围，提高系统的安全水平。

安全评价分为定性安全评价和定量安全评价两大类。

1. 定性安全评价

定性安全评价可以按次序揭示系统、子系统中存在的所有危险，并对危险程度进行分类，以便按危险程度采取适当的安全措施。安全检查表、事故树分析和事件树分析都可以作为定性的安全评价。此外还可以把企业的安全管理、设备与工程设施、环境的安全状况和操作等因素综合考虑，进行安全评价。定性安全评价不需要精确的数据和计算，应用起来比较方便，还可节省时间。

对于一个系统、装置设备，进行初步定性评价之后，对其中存在的危险大致已识别清楚，知道了薄弱环节，但是仍然有些问题需要回答。例如，系统发生事故的概率如何，系统经过怎样修改才能更完善更安全些，采取什么样的安全措施才能既经济又有效等。这就需要进行定量安全评价。

2. 定量安全评价

为了更确切地说明系统和装备的危险程度，应在定性安全评价的基础上进行定量安全评价。定量安全评价的方法主要有两种。一种是以可靠性为基础的评价方法，即采用事故树分析法或事件树分析法。根据积累的故障率数据，计算出事故发生的概率，进而计算出风险率和社会允许的安全值，通过比较，评价系统是否安全。另一种是指数法或评点法，它是以物质的物理化学特性为基础，结合其他条件计算出系统的危险指数或把危险计算成点数，然后进行评价。

二、事故分析

1. 伤害分析

伤害事故大多属于事先没有预料到的意外发生的事件。因此，对事故发生的原因研究，不能在直接观察下进行，而是在事故发生之后，通过调查分析，找出事故原因。

按照国家事故分类标准，要从7个方面进行伤害分析。

（1）受伤部位——身体何处受到伤害。

（2）受伤性质——受到何种伤害。

（3）伤害方式——受害者与致害物是如何接触的。

（4）起因物——导致事故发生的物体、物质。

（5）致害物——直接引起伤害事故及中毒的物体或物质。

（6）不安全状态——导致事故发生的物质条件。

（7）不安全行为——造成事故的人为错误。

2. 原因分析

确定事故原因是事故调查分析中最重要的环节。

只有正确分析确定事故原因，才能汲取教训，采取有效防范措施，预防、控制事故的重复发生。但是，事故发生的机理往往很复杂，原因也多种多样。有时某一起事故往往有多种原因，而各种原因之间又有着复杂的关联。因此，分析确定事故的原因时，应先从直接原因入手，再分析找出事故的全部原因，从全部原因中分析找出起主导作用的事故原因，即是事故的主要原因。

1）事故直接原因

即直接导致事故发生的原因。属于下列情况者为直接原因：

（1）机械、物质或环境的不安全状态。

（2）人的不安全行为。

2）事故间接原因

即导致事故的直接原因，即不安全状态、不安全行为产生和存在的原因。

（1）技术和设计上的缺陷。工业构件、建筑物、机械设备、仪器、仪表、工艺过程、操作方法、维修检验等的设计、施工和材料存在问题。

（2）教育培训不够或未经培训、缺乏或不懂安全技术知识。

（3）劳动组织不合理。

（4）对现场工作缺乏检查或指导错误。

（5）没有安全操作规程或不健全。

（6）没有或不认真实施事故防范措施，对事故隐患整改不力。

3）事故主要原因

即生产管理上存在的问题导致事故发生的原因。属于下列情况者为主要原因：

（1）防护、保险、信号等装置缺乏或有缺陷。

（2）设备、工具、附件有缺陷。

（3）个人劳动防护用品、用具缺乏或有缺陷。

（4）光线不足或工作地点及通道情况不良。

（5）没有安全操作规程或不健全。

（6）劳动组织不合理。

（7）对现场工作缺乏检查或指挥有错误。

（8）技术和设计上有缺陷。

（9）不懂操作技术知识。

（10）违反操作规程或劳动纪律。

相同原因，在不同的事故中所起的作用不同。同一种情况，既可成为某些事故的直接原因，也可成为一些事故的间接原因，又可成为另一些事故的主要原因。在调查分析事故时，必须针对事故的不同情况，具体分析某种因素在该事故的发生中所起的作用和地位，来正确地分析确定事故原因。

第二节　现场急救知识

一、迅速判断事故现场的基本情况

在突发意外伤害事故的现场。“第一目击者”首先要评估现场情况。“第一目击者”是指第一个发现现场并接受过现场急救知识培训的人。要求其用简单方法快速对现场的安全性作出评估。现场评估必须在数秒钟内完成。

1. 现场评估内容

（1）注意现场是否仍有危险存在，评估通风、顶板、瓦斯、水况、电气、机械等因素是否可能对救护者或保管员继续造成伤害。

（2）引起伤害的原因，受伤人数，是否有生命危险。

（3）现场急救可以利用的人力和物力资源，现场最需要何种支援，应首先采取的救护行动等。

2. 伤情评估内容

现场评估后，进行伤情评估，检查病人的意识，气道、呼吸、循环体征，瞳孔反应等生命体征。发现异常，需首先处理威胁生命的情况，并及时呼救。

二、呼救

1. 向附近人群高声呼救

高喊“快来人！这里有人受伤，需要抢救！”以吸引附近的同伴尽快参与抢救，解救伤员，在抢救伤员的同时向上级电话呼救等。

2. 拨打电话向矿调度室作紧急汇报

汇报内容包括：①本人的姓名、身份；②发现伤员所在的确切地点，引起受伤的可能原因，伤员人数，大概伤情；③伤员目前最危重的情况，如昏倒、呼吸困难、心跳停止、大出血等；④现场已采取的救护措施，如止血、心肺复苏等。

要注意，呼救者不要先放下话筒，要等矿调度人员先挂断电话，然后再挂机。急救部门根据呼救电话的内容，应迅速下达救护指示，派出急救人员，及时赶到现场。

三、排除事故现场危险

要设法排除现场潜在的危险，帮助受困人员脱离险境。

四、注意保护事故现场

一般不随意把伤员移出事故现场，但若伤员处于潜在危险之中，应迅速将伤员移出现场，置于安全地带施救，伤员出事位置要作标记。

五、伤情的判断与分类

在井下事故中，一旦出现大批伤员，一般是先救重伤员，后救轻伤员。对于伤员的伤情判断，下面做一些简单介绍。

首先检查心跳、呼吸和瞳孔三大体征，并观察伤员的神志情况。正常人心跳每分钟60~90次，严重创伤、大出血时，心跳增快。正常人呼吸每分钟16~18次，垂危伤员呼吸变快、变浅或不规则。正常人两侧瞳孔等大等圆，遇到光线能迅速收缩变小，医学上称之为对光反应存在。严重颅脑伤的伤员，两侧瞳孔可不等大，对光反应迟钝或消失。正常人神志清楚，对外来刺激引起反应，伤势严重的伤员神志模糊或昏迷，对外来刺激没有反应。通过以上简单地检查就可以将伤情的轻重作出初步判断。

根据伤情的轻重大致可将伤员分为三类：

（1）危重伤员。外伤性窒息、心脏骤停、深度昏迷、严重休克及大出血等类伤员须立即抢救，并在严密观察或抢救下，迅速送到医院。

（2）重伤员。骨折及脱位、严重挤压伤、大面积软组织挫伤及内脏损伤等，这类伤员多需手术治疗。对需做手术的应迅速送医院，对暂缓手术的应注意预防休克。

（3）轻伤员。软组织擦伤、裂伤及一般挫伤等，可在井口保健站进行处理，不必送医院。

如遇到一个伤员有多处外伤或复合伤时，应先使伤员的呼吸道通畅，止住大出血和防止休克，其次处理骨折，最后处理一般伤口。

抢救伤员“三先三后”的原则：

（1）对窒息或心跳、呼吸停止不久的伤员必须先复苏后搬运。

（2）对出血伤员必须先止血后搬运。

（3）对骨折的伤员必须先固定后搬运。

六、现场急救原则

（1）先抢后救。使处于危险境地的伤员尽快脱离险境，移至安全地带后再救治。

（2）先重后轻。对大出血、呼吸异常、脉搏细弱或心跳骤停、神志不清的伤员，应立即采取急救措施，挽救生命。

（3）先救后送。现场所有的伤员须经过急救处理后，方可转送医院。

七、触电急救

触电急救的基本原则是动作迅速、方法正确。

当通过人体的电流较小时，仅产生麻感，对机体影响不大。当通过人体的电流增大，但小于摆脱电流时，虽可能受到强烈打击，但尚能自己摆脱电源，伤害可能不严重。当通过人体的电流逐步增大，至接近或达到致命电流时，触电人会出现神经麻痹、呼吸中断、心脏跳动停止等征象，外表上呈现昏迷不醒的状态。这时，不应该认为是死亡，而应该看作是假死，并且要迅速而持久地进行抢救。有触电者经 4 h 或更长时间的人工呼吸而得救的事例。有资料指出，从触电后 3 min 开始救治者，90% 有良好效果；从触电后 6 min 开始救治者，10% 有良好效果；而从触电后 12 min 开始救治者，救活的可能性很小。由此可知，动作迅速是非常重要的。

必须采用正确的急救方法。施行人工呼吸和胸外心脏按压的抢救工作要坚持不断，切不可轻率停止，运送触电者去医院的途中也不能中止抢救。在抢救过程中，如果发现触电者皮肤由紫变红，瞳孔由大变小，则说明抢救收到了效果；如果发现触电者嘴唇稍有开合，或眼皮活动，或喉咙有吞咽动作，则应注意其是否有自主心脏跳动和自主呼吸。触电者能自主呼吸时，即可停止人工呼吸。如果人工呼吸停止后，触电者仍不能自主呼吸，则应立即再作人工呼吸。急救过程中，如果触电者身上出现尸斑或身体僵冷，经医生作出无法救活的诊断后方可停止抢救。

特别应当注意，当触电者的心脏还在跳动时，不得注射肾上腺素。

八、冒顶埋压人员的急救

对于被重物压住或掩埋的伤员，应迅速将其救出，尤其是全身被压者，更应尽快扒出。因为四肢及躯干肌肉丰富的部位受到沉重的物体长时间的挤压，会造成肌肉组织缺血坏死，进而引起肾脏损坏而发生急性肾功能衰竭等症。有时，这类伤员中，有的看上去全身情况还好，神志也清楚，常被急救者忽视，因此失去抢救机会而不幸死亡。这样的例子是有的，必须认真对待，切不可疏忽大意。

现场急救要点如下：

（1）扒伤员时须注意不要损伤人体。靠近伤员身边时，扒掘动作轻巧稳重，以免稍有不慎造成严重损伤。

（2）如果确知头部位置，应先扒去其头部的岩块或煤块，以便头部尽早露出外面。头部扒出后，要立即清除口腔、鼻腔的污物，使其吸入空气避免窒息，有条件时供给氧气。与此同时再扒身体其他部位。

（3）由于此类伤员伤势严重，常常发生骨折，因此在扒掘与抬离时必须十分小心。严禁用手去拖拉伤员双脚或使用其他粗鲁动作，以免增加伤势。

（4）当伤员局部受压解除后，应将伤肢固定，避免不必要的肢体活动，不要按摩与热敷。

（5）呼吸困难或呼吸已停止者，可进行口对口人工呼吸。

（6）有大出血者，应立即止血。

（7）有骨折者，应用夹板固定，如疑有脊柱骨折者，转运时应用硬板担架。

（8）转运时须有医务人员或井下急救员护送，以便对随时发生的危险情况以予急救。

九、井下有毒有害气体中毒与窒息伤员的急救

煤矿井下有毒有害气体有多种，这里主要讲火灾、瓦斯爆炸与瓦斯突出时产生的有害气体引起的中毒与窒息的急救。

1. 急救方法

（1）立即将中毒者抬离中毒环境，转移到支架完好的新鲜风流中，取平卧位。

（2）迅速将中毒者口鼻内妨碍呼吸的黏液、血块、泥土及碎煤等除去。使伤员仰头抬颌，解除舌根下坠，使呼吸道通畅。

（3）解开伤员的上衣与腰带，脱掉胶鞋，但要注意保暖。

（4）立即检查中毒人员的呼吸、心跳、脉搏和瞳孔情况。

（5）如伤员呼吸微弱或已停止，应立即做人工呼吸，有条件时可给予吸氧。

（6）心脏停止跳动者，立即进行胸外心脏按压。

（7）呼吸恢复正常后，用担架将中毒者送往医院治疗。

2. 预防措施

（1）加强通风，保证必需的气流和空气容积，使井下有毒有害气体浓度不超过《煤矿安全规程》的要求。

（2）对井下采空区、废坑道做出明确标记，防止人员误入发生意外。

（3）防止瓦斯、煤尘爆炸和火灾事故。瓦斯、煤尘爆炸与火灾可使井下一氧化碳浓度突然增大。

（4）加强个人防护，如发现有害气体要及时佩戴自救器，按规定躲避或撤离危险区。

（5）需要进入有害气体区域执行任务时，应有人在外监护，做好急救准备，进入者戴供氧或防毒面具。

十、爆炸震伤人员的急救

煤矿井下瓦斯、煤尘爆炸产生高压气体，形成冲击波，可造成人体各种损伤，如皮肤的广泛出血斑、鼓膜穿孔、纵隔气肿、气胸、颅脑损伤、骨折及内脏破裂出血等。伤员多处受伤，外轻内重，伤情发展迅速，很快导致休克，而且持续时间较长。爆炸同时会产生高温火焰与有毒有害气体，同时造成烧伤与中毒。急救措施如下：

（1）将伤员迅速运离现场，清除口腔、鼻腔内异物，注意保持呼吸道通畅，维护呼吸功能。如有反常呼吸者，可用布带将胸廓暂时固定。如呼吸道梗阻可临时做环甲腊穿刺。如系张力性气胸，可用粗针在头锁骨中线第二肋间穿刺排气。

（2）纠正中枢缺氧。发现伤员表情烦躁不安、意识不清、口唇与指端发绀等情况时，应考虑中枢缺氧，应立即给氧或加压给氧。

（3）耳道与鼻出血者禁止冲洗。对颅脑损伤与内脏损伤者及时送往医院，并应随时观察呼吸、心跳、瞳孔及血压等情况。

（4）如有开放性损伤、骨折等，应及时加压包扎或压迫止血，并适当进行骨折的临时固定。

（5）有毒有害气体中毒与瓦斯爆炸烧伤的伤员按前述所讲的有关内容处理。

十一、溺水人员的急救

首先把溺水者从水中救出，立即送到较温暖、空气流通的地方进行抢救。首先要松开裤带，脱掉湿衣服，盖上干衣服，不使受凉。从现场将伤员运至安全地点时，应采取俯卧位，头低脚高位。以最快的速度检查溺水者的口鼻。因井下透水中泥沙含量多，应迅速清除口、鼻中的泥沙与污物，擦洗干净，以保持呼吸道通畅，并检查有无其他合并伤。

呼吸道有水阻塞者，可先行控水，但要尽量缩短控水时间，以免耽误抢救时机。控水时尤其要注意防止胃中流体吸入肺中。控水的方法如下：

（1）使溺水者取俯卧位，救护者骑跨于伤员大腿两侧，用双手抱住伤员腹部向上提，使水流出。

（2）将溺水者扛于急救者的肩上，急救者上下耸肩或快步奔走，使水流出。

（3）急救者一腿跪地，将溺水者腹部放在急救者的另一腿的大腿上，使头朝下，并压其背部，使水流出。

若溺水者的呼吸已停止，心跳未停，立即做人工呼吸。若溺水者的呼吸、心跳已停或呼吸已停、心跳微弱，立即进行胸外心脏按压，同时进行口对口人工呼吸。溺水者呼吸、心跳恢复后，进行四肢向心性按摩，以促进血流循环。可给溺水者服少量浓茶或热姜汤抗寒。透水事故中，由于水势急、冲力大，溺水者多合并其他伤，应进行合并伤的急救处理，如止血、包扎、骨折临时固定。

第十五章 培训和指导

一、安全教育和培训在安全管理中的作用

安全管理是施工企业非常重要的管理项目，针对经常出现的施工事故，一般人们往往特别注重对事故原因和责任人的分析，而避免事故这一非常重要的一环恰恰是容易被人们忽视的问题。在实际工作中，事故往往是因为违章作业造成的；而绝大多数违章作业，又是因操作人员不懂得正确操作方法和操作规程而造成的。因此，安全教育培训工作是防止事故发生的关键环节。通过培训要达到以下要求：

（1）提高职工的安全意识。只有当职工具备强烈的安全意识和责任感时，才能主动、自觉地履行安全生产职责，有效地避免违章指挥、违章作业、违反劳动纪律，才能将企业的安全管理变为职工的自觉行动。

（2）提高职工的安全知识水平，使之具备与本职工作相适应的能力。管理者具备与管理工作相适应的知识和能力，操作者具备与本职工作相适应的安全知识和操作能力。职业风险不仅取决于系统中物的危险因素，也取决于职工的抗风险能力。当职工的安全素质提高，每人都知道应该做什么，不应该做什么，怎样做得好，引发事故的风险就可大大降低。

二、安全技术培训的内容

安全技术培训内容包括一般生产技术知识、一般安全生产技术知识和专业安全生产技术知识3部分。

（1）一般生产技术知识。生产技术知识是保证高效、优质、安全地进行生产的知识、技能和经验的总结。安全生产知识是生产技术知识的组成部分。掌握一般的生产技术知识，有利于加深理解和掌握安全技术知识。在对职工进行安全生产技术培训的同时，应结合煤矿的生产和作业进行一般的生产技术知识培训。主要内容：煤矿的生产概况、生产技术过程、工艺流程和作业方法，各种设备、材料的性能和维修保养知识，工程、产品质量要求，操作技能等。

（2）一般安全生产技术知识。所有职工都应具备基本的安全生产技术知识。主要包括危险性因素和区域及安全防护的基本知识和注意事项；自救互救和紧急避险知识；有关电气设备的基本安全知识；有毒有害气体的安全防护基本知识；个体防护用品的正确使用以及伤亡事故报告办法等。

（3）专业安全生产技术知识。专业安全生产技术知识是指从事某一特定作业的职工具备的安全生产技术知识。它对预防生产作业事故具有十分重要的作用。对职工进行安全生产技术知识教育应结合不同的作业、不同岗位专门进行。内容包括顶板控制、通风、防瓦斯、防火、防水、防爆和防毒等安全技术知识和《煤矿安全规程》、安全操作规程等。

图书在版编目（CIP）数据

巷道掘砌工：初级、中级、高级/煤炭工业职业技能鉴定指导中心组织编写．--3版．--北京：应急管理出版社，2024

煤炭行业特有工种职业技能鉴定培训教材

ISBN 978-7-5237-0425-7

Ⅰ．①巷…　Ⅱ．①煤…　Ⅲ．①巷道掘进—职业技能—鉴定—教材　Ⅳ．①TD263.2

中国国家版本馆CIP数据核字（2024）第011697号

巷道掘砌工（初级、中级、高级）　第3版
（煤炭行业特有工种职业技能鉴定培训教材）

组织编写　煤炭工业职业技能鉴定指导中心
责任编辑　成联君
责任校对　赵　盼
封面设计　于春颖

出版发行　应急管理出版社（北京市朝阳区芍药居35号　100029）
电　　话　010-84657898（总编室）　010-84657880（读者服务部）
网　　址　www.cciph.com.cn
印　　刷　河北鹏远艺兴科技有限公司
经　　销　全国新华书店

开　　本　787mm×1092mm 1/16　**印张**　12　**字数**　284千字
版　　次　2024年3月第3版　2024年3月第1次印刷
社内编号　20231556　　**定价**　42.00元
